環保住宅

作者序

　　為了維護地球的環境生態，世界各國的共同課題已朝向推動生態或節能的目標前進。在這種風氣下，建築業界也必須往環保建築（住宅）的方向發展才行。雖然至今為止，已建造的環保建築不在少數，但因為這些環保建築都還是處於嘗試的階段，就現況而言，實在很難將這些建築普遍化。而且在建築設計師當中，有許多人對這些共同的環保課題漠不關心，甚至在設計建築方向時還會跨越到其他領域中。

　　為了要實踐低碳社會的願景，建築設計首要注重環境保護。為此，本書具體呈現出設計手法，並提供可活用的內容做為設計提案，彙整成一本實務性能強大的建築書籍。其中，尤其要特別強化建築的節能基準，期望可在二〇二〇年時，達到零耗能建築的目標。

　　本書網羅了在建造環保建築時必要項目的110個關鍵要點，並且依照設計流程來訂立每個章節。當您參考本書來設計環保住宅時，雖然也可以只截取某些章節的內容來執行計畫，但建議最好是先多參考幾個章節內容，了解了各個細節間的關係後再來設計，相信效果會更加倍。另外，也希望認為環保建築是特殊建築的讀者，在透過本書的介紹後，可以更清楚了解到環保建築的本質與概念，倘若能夠藉此來激發出更多新環保創意的話，我們將感到無比榮幸。

柿沼整三
SOFT UNION（環境・建築專家集團）代表

　　本書利用精簡的文字與清楚的圖例，從基地周邊的環境尺度談起，並深入到建築內部的設計施工細節，整理出建築物對應生態、及環保的設計手法。在戶外與室內的溫熱環境議題中，可以特別留意到作者如何將日本當地氣候條件、及使用行為偏好融入在建築設計的思維裡，以提供節能且舒適的居住環境。

　　這些概念對於位處熱濕氣候的台灣，也提供了良好的借鏡。設計者應以在地的長期氣候特性為基礎，採取氣候調適的概念來進行建築設計，以因應氣候變遷、及都市高溫化的問題。

林子平 國立成功大學建築系 特聘教授

　　在資源與能源短缺的時代，守護環境、珍惜資源、有效利用能源已是一個不容爭辯、不能逆轉的趨勢。然而，專業的永續與綠建築知識門檻過高，不是普羅大眾可以在短時間內理解的。隨著地球受創速度的增加，推動永續與環保，已必須從「軟性宣導」進入「積極行動與實踐」的階段。

　　在《環保住宅》一書中，將艱深難懂的專業知識轉化成八章110個關鍵要點、及一套套簡單易懂的概念圖、平面圖、剖面圖、紀錄分析圖表，彌平專業知識與民眾平日生活實踐的落差，讓公民的永續與環保的行動得以無縫展開、每日展開。這是一本對地球、對後代子孫表達「愛與關懷」的知識行動書。我強力推薦！

倪晶瑋 中原大學室內設計系 副教授／前系主任

《環保住宅》是一本用心寫，用心畫的書，這本書不管是對建築專業者，或是對想購屋、建屋、甚至裝潢房屋的非專業者來說，都是非常容易讀且實用的。它的易讀實用是來自作者對建築富有哲理的一貫觀點，與深厚的專業知識。

作者一開始闡述環境、人和建築的關係，進而詳述如何用建築的手法，從基地的配置、陽台、中庭的創造，到室內隔間、地板、天花、家具、空調、照明、給排水、再生能源等，來創造舒適節能的環保居住環境。尤其是，作者特別用了許多篇幅來論述森林、樹木、木材對環境多層次的意義。這些觀念在國土有七十%是森林的台灣，卻是非常不普遍的，也特別值得我們深思。畢竟環境影響我們的身心靈，我們的身心靈也影響著環境。

郭英釗 九典聯合建築師事務所 主持建築師

做為綠建築標章與綠建材標章的評定單位，在內政部建築研究所指導下，同時協助政府辦理教育推廣工作，特別關注綠建築論述的脈動。

《環保住宅》以環保與融入大自然的建築為主軸，主張使用低資源消耗、低環境負荷、可持續使用、容易廢棄處理的生態環境材料，與台灣ＥＥＷＨ評估系統、及綠建材評定精神相契合。

本書提供的設計與建造技術淺顯易懂，除了讓想了解這門知識的大眾獲得一個基礎入門的管道外，也可以給即將、或正在從事綠建築設計者觀摩、學習。

陳慶利 台灣綠建築發展協會 理事長

目　錄

Chapter 1
環境保護計畫

Chapter 2
注重環保的平面・剖面計畫

Chapter **3**

環保的外部陳設

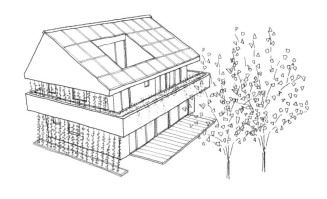

Chapter 5

材料・施工方法・評估

Chapter **6**
環保設備

Chapter **7**

活用周邊環境──微氣候・環境活動

Chapter **8**
環保知識

1 環境保護計畫

需要考量的不是只有建築物本身

建築用地可分成規劃建造的建築物本身、以及建築物以外的部分。依照建蔽率來計算,有許多建案是建築物以外的部分超過建築用地總面積的一半以上。這些案件大多是在空地上規劃建造停車場、大門、庫房、通道、露天平台、前庭、或小庭院等(圖1)。

而要將建築物規劃在建築用地的哪個部分、同時空地又該如何利用才能獲得最佳效益,這些重點應該早在設計階段時,就慎重地考慮進去。面積愈是狹小的土地,就愈要更積極地活用空地。

因為建築物和空地之間的關係會影響到日照、通風,所以對於環保計畫是相當重要的因素。尤其是,要在狹小土地這種有限的空地上建造小庭院等設施時,為了要使日照、通風良好,就得要下一番工夫才行。

在空地的利用方法中,最重要的莫過於樹木的植栽了。因為栽植樹木時,除了要預防溫度或溼度的變化過於激烈之外,也要做好日照時間的調整、防風、防塵等準備,而且還要能保有隱私且不能遮蔽到鄰居、或道路用路人的視線。所以栽植的樹木能否順利成長,關鍵就

在於最初的空地規劃上。

注重環保的樹木植栽計畫並不是只有將樹木栽植在剩餘的空地上而已,必須擬定使樹木與建築物形成一體的計畫才行。例如停車場、露天平台或通道等不要全部以混凝土覆蓋,可在接縫處進行綠化、或合併爬牆虎攀爬的棚架等(圖2)來執行綠化計畫。

夏天時,因為東側和西側受陽光直射的時間較長,所以建築物應建造成東西向的長方形狀,使受熱面積縮小(圖3)。另外在冬天時,因為太陽的方位角較小,陽光幾乎都是由南側照射過來的(圖4),所以一般而言,環保建築的建築物形狀幾乎都是呈現東西向的長方形建築。不過,也有一些環保建築因為受限於建築用地的形狀,只能建造出南北向的長方形建築。此時,只要在東西側的空地上栽植樹木或藤蔓類植物,減少陽光直射的面積就可以了。

實行環保建築的第一步就是,要與大自然站在同一陣線上,所以不能只有規劃建築用地內的使用方式,應該要連周圍的環境也一併納入考慮。

◎圖1　空地上規劃要建造的項目

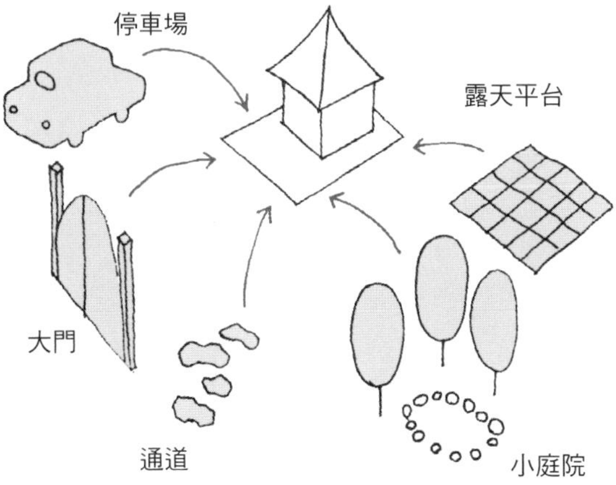

停車場

露天平台

大門

通道

小庭院

◎圖2　棚架

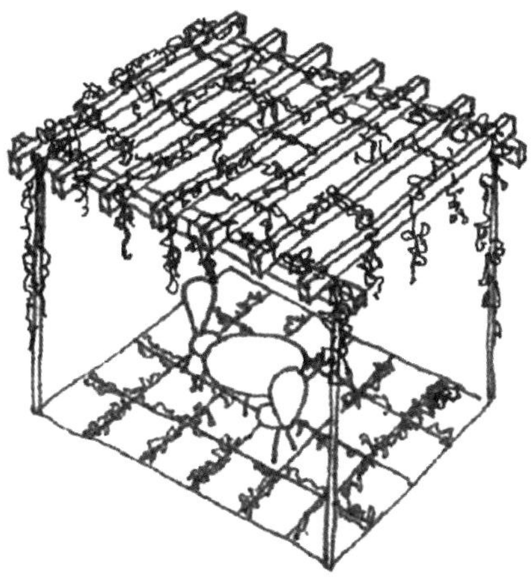

◎圖3　適合避暑的東西向規劃

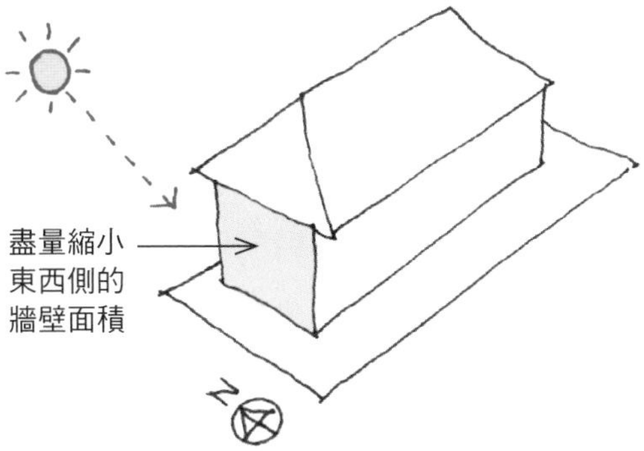

盡量縮小
東西側的
牆壁面積

N

若建築物呈現南北向的長方形建築時，在東西側栽
植樹木或藤蔓類植物，可減少陽光直射的面積。

◎圖4　太陽的方位角

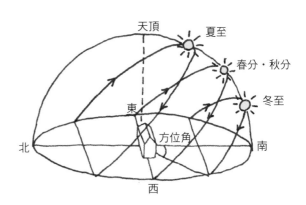

天頂
夏至
春分・秋分
東
冬至
北
方位角
南
西

冬天時太陽的方位角變小。

在嚴苛的氣候環境下也能響應環保

Point
- 屋敷林的作用
- 有效的規劃

以往在農家的建築用地內，都有栽植可以阻擋冬天北風等的防風林（圖1），通稱為屋敷林。這些防風林不但可以緩和嚴苛的氣象環境，還可以做為燃料、建築材料使用，是獨立性極高的環保建築。在房屋周圍栽植樹林的景色與現象，已經成為農村特有的特徵了。

農家屋舍方面，可在房屋外牆植栽喬木，接著在喬木植物中栽植一些地被植物，以確保植物的多樣性，這樣一來便可形成一個豐富的自然生態系統。

屋敷林的規劃（圖2），可做為環保計畫的提示內容。

①可在池塘或廚房等溼氣較重的地方栽植竹林，藉由竹子吸水性高的特性來調節溼氣，預防房屋受溼氣侵襲。

②為了防止樹木的根或枝葉損壞房屋，應定期進行整枝或修剪。

③為了確保冬天日照充足，在房屋的南側宜栽植落葉喬木，至於西北側，為了能夠阻擋冬季季風而栽植常綠喬木。

④應先考慮樹木的特性再進行規劃，例如常綠喬木或落葉喬木、生長高度、陰性樹或陽性樹、生長量、乾生植物或濕生植物等。

若是都市的房子，則必須考慮到大都市裡特有的嚴苛環境。因為除了季風或海風之外，在規模較大的建築物附近，還有因範圍狹小所產生的大廈風（建築風）（圖3）、市區裡沿著街道或巷弄吹的陸風（圖4）、以及熱島現象（因都市充滿水泥、柏油等熱傳導係數大的建物與機械、人工排放的熱能，讓日間所吸收的能量無法藉由少量植物的蒸發作用來降溫，造成都市溫度高於郊區）等。

進行綠化時，不能只考慮覆蓋地面的綠地面積，也應該留意保護建築物外觀的被覆面積。建築和環保之間的調和，除了可以調整室內環境、及保護自然環境之外，還具有保護建築物外牆、或屋頂的機能。而且，只要持續進行維護的話，就可以長期與建築物共存，所以適當地讓植物在背陰處休息也是一件很重要的事。

◎圖1 屋敷林

與都市地區不同，周圍沒有建築物，樹木環繞在獨立的建築物周圍。

◎圖2 屋敷林的規劃

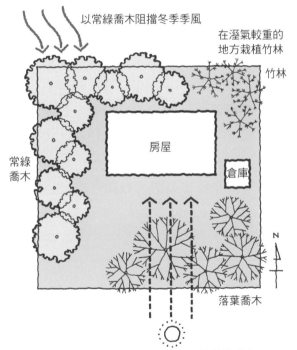

以常綠喬木阻擋冬季季風

在溼氣較重的地方栽植竹林

竹林

常綠喬木

房屋

倉庫

落葉喬木

為了確保冬天日照充足，在南側栽植落葉喬木。

◎圖3 大廈風

高樓大廈

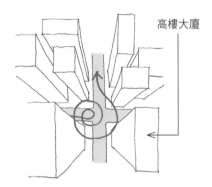

大廈風依照各建築物的形狀，形成相當複雜的風向。

◎圖4 陸風

低樓層建築

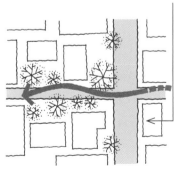

建築物的排列愈整齊，陸風就愈容易沿著街道巷弄吹個不停。

相關連結 ▶ 091・108項目

003

即使土地狹小也
無需擔心

Point

- 複式帷幕牆的節能效果
- 有效利用第三空間

位於都市裡的建築用地，都會將建蔽率、容積率使用到最大限度。

但如此一來，就無法再確保建築物以外的空地了。這個情況下，可以將建築物的外牆當做是生態控制線，只要採取能夠緩和屋外氣候的建築手法，就可視為是環保建築了。

以前日本的私人住宅，大多會在緣廊（日本房屋特有的開放式走廊）或中庭等外部空間與起居室之間，設計一個緩衝空間，這種建築物的構造正好可以緩和外部氣候直接影響到房屋內部。夏天時，把屏風移開便有通風效果，並且透過水池、向地面灑水或植物的蒸散作用，還可以達到有效的冷卻效果，使生活更加舒適。至於冬天，只要在緣廊裝設二層屏風拉門，就可有效阻擋冷空氣，使冷空氣不會進入屋內（圖1）。

現在的辦公大樓等建築物設計，都是採取複式帷幕牆的設計，將建築物的外牆、或玻璃窗建造成內外兩層的雙重構造，在這內外兩層之間保留空間，使空氣能夠流通，進行換氣，藉此來改善窗邊周圍的環境。實際上，有許多採取複式帷幕牆的設計實例，都有效降低了熱承載，確實達到了節能的效果（圖2）。

運用於住宅的複式帷幕牆有兩種方式。第一種方式是在房屋外側建造一道透明帷幕牆，然後在這透明帷幕牆與內側牆壁之間（像盒中盒設計一般，盒子與盒子之間的縫隙）栽種植物，使房屋具有溫室功能（圖3）。

另一種方式是，在住宅內側再多築一道牆壁。由於考慮到空間的有效利用，築牆後被隔開的空間除了可以當做收納、走廊、工具室等只會短時間利用的空間來使用之外，也可以做為室內露台來使用（圖4）。像這樣屬於第三空間的空間範圍，不但可以將內部和外部區隔開來，還能提供節能與居住的新生活概念。這種構造也可稱為夾層構造。

◎圖1 以前的私人住宅

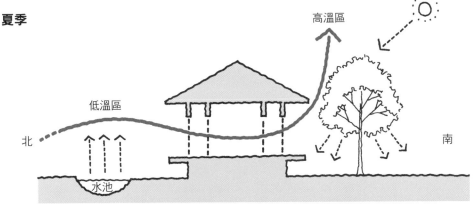

夏季

高溫區

低溫區

北

南

水池

在南側設置高溫區、北側設置低溫區,當兩側產生溫
度差時,風就會自北側流向南側,達到通風效果。

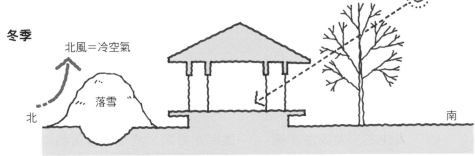

冬季

北風＝冷空氣

落雪

北

南

利用南側的落葉喬木,讓太陽可以直接照射到屋內,至於北側的水池
則能屯積落雪,堆積成的小雪山可阻擋寒冷的北風吹入屋內。

◎圖2 辦公室的複式帷幕牆實例

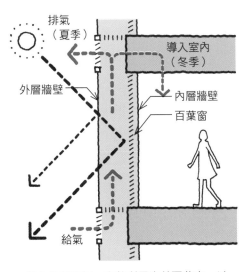

排氣
(夏季)

導入室內
(冬季)

外層牆壁

內層牆壁

百葉窗

給氣

導入外部空氣,有效利用室外百葉窗、以
及Low-E玻璃所組成的複式帷幕牆,來
阻隔陽光照射。

◎圖3 外側透明的盒中盒設計

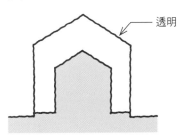

透明

◎圖4 外側不透明
的盒中盒設計

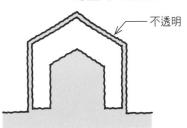

不透明

相關連結 ▶ 010・027・030項目

004

在炎熱的夏天也能
創造出舒適的生活環境

Point

- 風向是可以製造的
- 有效地利用自然涼風,便可達到節能效果

近幾年,冷氣已經成為日本居住環境中不可或缺的生活必需品了。尤其是新建住宅,即使沒有特別委託,也會設計成可裝設冷氣的格局。不過,至今仍有一些住宅是不需要用冷氣的。因為自古以來的日本住宅,都是設計成通風良好、可排除暑氣的格局。

以日本的私人住宅來說,建築格局大多是建造成迎向夏季風(盛行風)的方向。例如在東京地區,南風的風向是由東京灣吹向陸地。為了讓這個風面能夠吹入建築物中,在東京地區的建築物大多是建造成東西向的長方形建築(圖1)。

只要了解風的特性,就可以有效利用建築物來製造風。像細長形的建築用地,以通道型的房屋來舉例,因為通道貫穿整棟建築物,所以建造時讓這個通道迎向吹有涼爽微風的方向,就能製造出一條通風道(圖2)。

而多棟型的建築物也能夠有效地利用陸風。可以在涼爽的外部空間建造一個露天平台,創造出悠閒、舒適的新居住生活空間(圖3)。

至於天井型的房屋,則是利用其高低差使風從地面吹向天空(圖4)。若在天井處設置採光天窗的話,還能夠用來採光。也有些例子是在冬天時,將通往天井的樓梯關閉,以阻斷風向。

另外,可以在圖4天井型房屋的北側地面上,設置一扇小窗。這扇小窗除了當成將垃圾、灰塵掃出的開口外,當小窗處於背陰狀態時,還能夠配合南邊的盛行風,將冷空氣引導入室內。再者,在北側庭院多栽植一些植物的話,效果會更明顯(圖5)。

路易斯·康[1]在美國費城所設計的費雪屋舍,其窗戶分為景觀用的窗戶和通風用的窗戶兩種。前者的窗戶是屬於固定窗的設計,可供欣賞風景用,而後者的窗戶因考慮到雨水潑濺的問題,所以從外牆面內縮,設計成可開啟的窗戶。除了可以防止雨水潑濺之外,還具有良好的通風效果(圖6)。

譯注:
1.路易斯·康(Louis Isadore Kahn,1901～1974)美國建築師、建築教育家,設計以人本思想出發、重視實用性。作品中「光」是他設計中一個很強的力量,費雪屋舍就是其代表之一。

◎圖1 風向

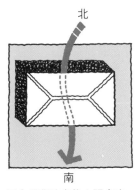

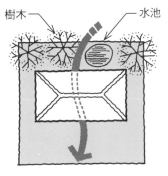

風會從背陰處往向陽處吹。　風也會由樹木或水池的方向吹來。

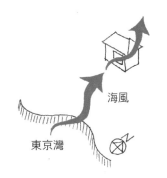

海風

東京灣

◎圖2　通道型

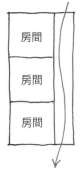

房間

房間

房間

通風道可以當做
廚房空間使用。

◎圖3　多棟型

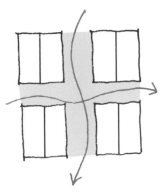

建築物和建築物之間的
空間，可以用來建造露
天平台。

◎圖4　天井型

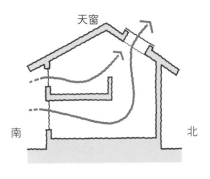

天窗

南　　　　　　　　北

◎圖5　在房屋北側設置一扇能將掃出垃圾、灰塵的小窗

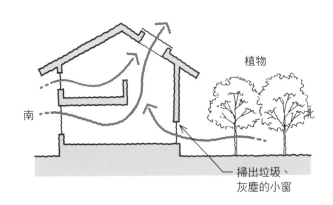

南

植物

掃出垃圾、
灰塵的小窗

◎圖6　費雪屋舍的窗戶

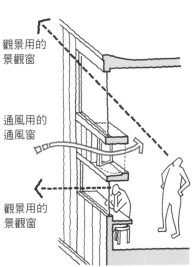

觀景用的
景觀窗

通風用的
通風窗

觀景用的
景觀窗

土地狹小更要善用地下室

Point

- 土壤保暖又禦寒
- 將廢土丟棄是不智之舉

即使在炎熱的夏天裡，井水依然相當地冰涼，如同洞穴在寒冷的冬天裡仍舊保持溫暖一樣，著實令人覺得不可思議。

其實那是因為土壤具有低熱傳導率的熱特性，主要特徵就是熱容量大。所以在夏天時，因受到陽光強烈照射而變得相當暖和的地球表面，會藉由土壤將吸收到的熱能緩慢地傳導至地底深處（圖1）。動物會在洞穴內冬眠的原因，也是因為土壤從夏天開始就持續吸熱保溫了，所以就算戶外的氣溫漸漸降低，土壤中的溫度依然可以持續保持溫暖（圖2）。

在地球表面下，有存於地底中的熱能，這熱能稱為地中熱（屬於地熱的一種，是地球表面淺層的地熱資源），可以運用於各種用途。

雖然氣溫隨著季節而會有極大的溫差變化，但是地溫一年四季都是保持在恆溫狀態，所以在夏季與冬季裡，有很多使用地中熱來減少冷暖房負荷[2]的實例。

中國中部的黃土高原有著猛暑酷寒的嚴苛自然環境。在那裡是利用黃土乾燥後強度會增加的特性，在土壤上挖掘窯洞來做為居住空間。窯洞有在懸崖上挖掘的沿崖式、以及在地面上挖掘的地坑式（圖3）。一般來說，通常都將地坑式窯洞採光最佳的北側做為起居室，南側則用來飼養家畜、或當成倉庫使用。地坑式窯洞的中庭是生活中最重要的空間，除了要防止風的吹襲之外，也要確保採光充足才行。

至於在南邊山坡上所挖掘的半地坑式窯洞，不但南側可以獲得充分的採光，北側也能有效禦寒，是能保持溫度穩定的環保建築（圖4）。

另外，還有利用挖掘地面時的廢土所建造而成的土坯拱式窯洞，不但可以節能、將屋頂或外牆綠化、防止噪音、節省資源（利用廢土來做隔熱、防噪音處理）等，還有助於預防地球暖化（圖5）。

依日本建築基準法規定，住宅地下室的容積率是不列入計算的，所以只要能夠了解這種地中熱的特性，充分利用地下空間與資源的話，即使是狹小的土地也能夠建造舒適的環保建築[3]。

譯注：

2.冷（暖）房負荷是指為了使室內空間達到（或保持）一定的室溫，所必須的能源與熱量。負荷愈大，代表需要消耗的能源與熱量愈多，也愈不環保。

3.日本建築基準法等同於台灣的建築技術規則。根據台灣建築技術規則所規定的內容，容積率是地上層建築物總樓層的地板面積與該建築基地面積的百分比率，而地下室建築面積除停車場、及設備空間外，皆需計算在內。而且，實施容積管制地區的建築設計，除都市計畫法令或都市計畫書圖另有規定外，皆需遵循建築技術規則的規定。

◎圖1　土壤的熱傳導

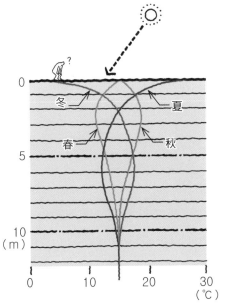

土壤的熱傳導率低，具有熱容量大的特性。

◎圖2　土壤的隔熱作用（冬季）

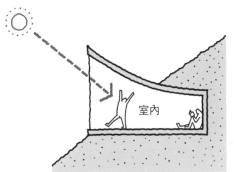

因為土壤在夏季時會儲熱，所以冬季時溫度也不會驟降。

◎圖3　地坑式窯洞

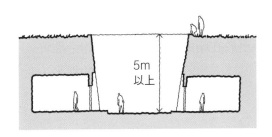

◎圖4　半地坑式窯洞

◎圖5　土坯拱式窯洞

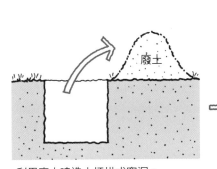

利用廢土建造土坯拱式窯洞。

相關連結▶080項目

山坡地也可以建造出安全的環保建築

Point

- 不破壞山坡地
- 避免山風吹襲，適當地將谷風引進屋內

想要在不破壞山坡地地面的狀態下設計、建造建築物，就必須要先熟知山坡地的特性才行。

大量開發山坡地，當做建築用地來建造住宅的例子不勝枚舉，不過在建造過程中，若將原有的水路切斷、改以土壤填平來做為地基的話，未來勢必會對周邊環境造成極大的影響（圖1），屆時恐怕會發生局部大量湧水的問題，或出現樹木不易栽植、生長等現象。

再者，位於填土、或軟弱地盤上的住宅用地是相當危險的。通常需要花費數年的時間來養地，才能夠使這些地盤呈現出安定的狀態，這點應該需要特別注意。

另外，若要讓植物能夠持續生長，地面既有的樹木就應該要保持原樣，而建築物則要採取順向坡建築（順著山坡斜度，架高成平坦有高度的建築用地地面）的方法來建造（圖2）。

雖然平坦的建築用地是最佳首選，但只要陡峭的山坡具有堅硬穩固的地盤，就有可能像日本的三佛寺投入堂（圖3）一樣，即使經過一千年以上也屹立不搖，安全地聳立在山壁上。

山坡地的山谷風是白天由山谷吹向山坡、晚上則是由山坡吹向山谷，風向會改變的風（圖4 ①、②）。

建造建築物時，只要能夠避免山風吹襲，又可以適當地將谷風引進屋內，就是一間舒適的環保建築了（圖4 ③、④）。

還有，即使建築物是建造在北邊的山坡地上，只要配合山坡坡度來建造屋頂，就能避免夏季陽光的直射，而且在冬天時也可以採光入內。這種情況下，還能合併半地下式的地熱來使用。所以只要計畫周詳，即使是北邊的山坡地（圖5），也能建造出安全、舒適的建築。

至於南邊的山坡地，將坡段處理成階梯狀，層層往上建造，就能夠避免山谷的寒風吹襲。而且在日照充足的南邊加設玻璃，還能與翠綠的山景融合為一體（圖6）。

◎圖1　削土所造成的災害

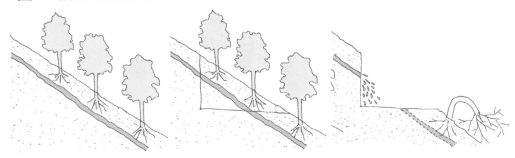

樹木下方有水路流通。

切斷水路恐怕會發生局部大量湧水的問題，或出現樹木不易栽植、生長等現象，對周邊環境造成極重大的影響。

◎圖2　順山坡地型建築

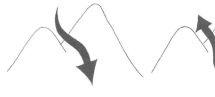

◎圖3　日本的三佛寺投入堂

◎圖4　山風與谷風

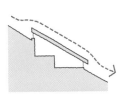 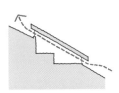

①山風　　　　②谷風　　　　③預防山風吹襲　　④引進谷風

◎圖5　在北邊的山坡地採取斜坡形建築

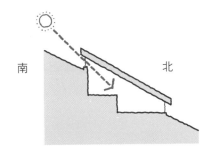

南　　　　　　北

◎圖6　在南邊的山坡地採取階梯形建築

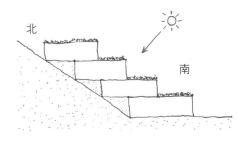

北　　　　　　　　南

座南朝北也能
創造出優質環境

Point

- 穩定的光線環境
- 風景的明亮度

日本人對於居住環境的價值判斷基準在於「陽光主義」。

在這樣的思想觀念下，日本的公寓大廈都盡可能地將每一戶都設計成座北朝南的住宅，這可說是標準型公寓大廈的住宅形態，也因此產生了所謂的「外廊形式」設計。外廊形式設計是指將大樓內所有的住戶都建造在大樓的同一邊，每一戶都採取座北朝南的設計，使住宅的單面全都朝向南方，然後將玄關和共同走廊設計在大樓北側（圖1）。

提到日本公寓大廈，腦海中很自然地就會浮現這個標準型的設計形態，雖然這個設計形態在日本已經相當普及了，但是在風向和日照角度不同的地區，還是會有問題存在。

多數人對建築用地的首要要求，應該都是日照時間的長短吧。雖然一般都比較會注意到太陽升起的東方、以及白天光線來源的南側周邊環境，但預防夏天的夕陽西曬、以及預防冬天的北風吹襲的問題，其實也都不容小覷，因為有一些人也會把這些不利因素列入參考選項中。

不過，像作家的書房、或畫家的畫室等，倒是有許多設計成座南朝北的例子。因為座南朝北的設計，其光線環境相當地穩定，所以能夠創造一個具有安定心情的優質空間（圖2）。

歐美國家也喜好座南朝北的房屋。或許其中的原因，是因為藍眼睛的西方人對刺眼的光線較敏感也說不定，不過真正的原因據說是因為西方人喜愛欣賞景色，也有一說是為了防止畫作、或家具褪色的關係。

從座北朝南的房間往外看時，看見的景色大多是樹木等形成的陰影。而且在白天陽光較強的日子裡，有時候往往會將窗簾拉上一整天。反之，若從座南朝北的房間往外看的話，依照各方面條件的配合，除了可以遠眺山景之外，還可以看見庭院樹木被陽光直接照射到的部分，成為一個能夠放鬆心情的優質空間（圖3）。而且，若在建築物的北側栽植葉面反射性強的常綠闊葉林的話，還能夠反射太陽光線照亮北側的房間。所以即使是座南朝北的房屋，只要透過南側的採光天窗來採光，就可以眺望北側美麗的庭院（圖4）。

◎圖1 外廊形式

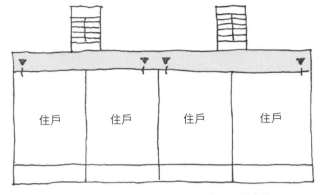

外廊形式在日照和風向不同的地區會有問題產生。

◎圖2 作家的住宅範例

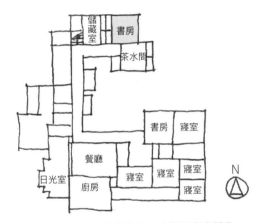

作家的書房或畫家的畫室大多都是座南朝北。

◎圖3 因陽光反射的景色明亮度

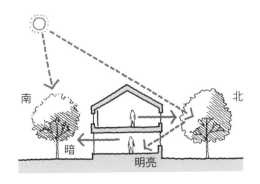

◎圖4 採光天窗

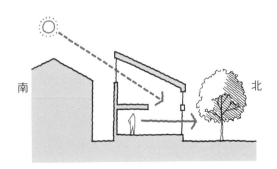

Column 自然的節能乾燥機、晾房

位於中國、新疆維吾爾自治區吐魯番市近郊村落裡的晾房，其建築物、圍牆都是以土磚建造而成的。

　　吐魯番位於塔克拉馬干沙漠的東側，為絲路上已開發的綠洲城市。當地屬於幾乎不降雨的乾燥地區，但透過鑿井取水的技術，可開採出豐富的地下水源來當做生活用水使用。

　　吐魯番主要生產葡萄和葡萄乾。當地人為了晾曬葡萄，使葡萄乾燥成為葡萄乾，巧妙地利用了當地的乾燥氣候，建造出晾曬葡萄的建築物，稱為晾房。

　　這種晾房並不難建造。只要取附近的乾燥土壤加水攪拌後做成土磚。堆砌土磚時，要在土磚與土磚之間保留空隙，一層一層地往上堆疊，然後在頂端架起圓木頭後，再以土壤覆蓋做成屋頂即可。每年九月採收葡萄後，將葡萄吊掛在這種晾房內準備乾燥，晾房的屋頂和土磚砌成的牆壁，因受到陽光直接照射的關係，溫度會上升，當溫度上升後，又因為溫度差的關係，會在土磚的縫隙中形成風，就這樣放置約一個半月的時間，葡萄就會乾燥成為葡萄乾了。

　　因為整個生產製造過程都是採用大自然的陽光做為能源，完全沒有使用其他的人工能源，所以才能夠生產出品質優良的葡萄乾。這種生產製造工廠最難能可貴的優點就在於絕對不會污染環境造成公害。

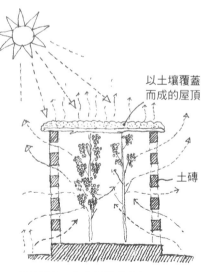

以土壤覆蓋而成的屋頂

土磚

在晾房內，生產製造葡萄乾。

2 注重環保的平面 ‧ 剖面計畫

與室內一樣舒適的外部空間：室內露台

- 將屋內與室內連接起來的中間區域
- 必須仔細檢討配置方向與深度

「室內露台」是指露台的上方有屋頂覆蓋、呈現出半室內的外部空間。這種室內露台不必擔心受到雨水潑濺，具有晾曬衣物等的實用功能，雖然大都被當做起居室的延展空間來使用，但藉由不同的空間規劃，也能具有降低熱負荷的效果，所以在節能的觀點上，相當受到矚目。

例如，將露台深度設計得深一點，然後朝向南方設置，在太陽高度較高的夏天裡，就可以避免陽光直接照入室內。此外，若在欄杆上方添加一些可以阻擋陽光的物品（例如竹簾或藤蔓類植物等），還能藉由這些物品來調整日照的時間。相反地，在冬天時，因為太陽高度較低，所以陽光也可以通過室內露台直接照入室內。另外，露台的地板若採用容易蓄熱的材質（瓷磚或石質磁磚等），也能有效減輕暖房負荷。如果再把室內露台的地板高度設計得比室內的地板高度低，然後再採用白色、帶有光澤的建材來鋪地的話，就能有如導光板一樣的效果，把室外光線反射到室內，讓室內充滿自然光，形成一個優質的生活空間（圖1）。

至於日照時間的長短、以及採光程度，應透過建築用地夏冬兩季的太陽高度來確認，剖面圖是最適合用來了解室內露台深度設計的工具，因此最好能夠學會看剖面圖。因為室內空間的明暗或冷暖程度，會受到室內露台設置方位、以及深度的影響，必須要特別注重才行。

◎圖1　半室內化的露台

室內露台也可以當成半室內化的起居室使用，但為了避免對室內環境造成影響，應該詳細檢討設計與方位。

◎圖2　當做起居室延展空間來使用的露台

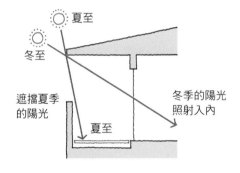

太陽高度與日照角度會隨著季節而變化。

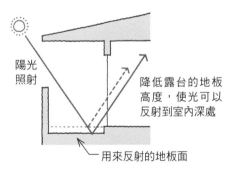

透過地板可以導入反射光線。

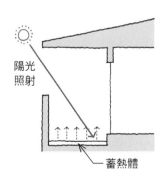

採用容易蓄熱的地板材質，來減輕暖房的負荷。

創造一個舒適、且不會受到氣候影響的晾衣空間。

在外部加設百葉窗，阻絕熱空氣進入室內

Point

- 最有效的方式是直接阻絕陽光照射
- 可以在室外加設百葉窗、或使用窗簾隔熱

　　雖然在窗戶的內側裝設厚窗簾或百葉窗可以有效阻絕陽光照射，但效果最佳的方法是在陽光照入室內前就予以隔絕。當窗簾裝設在室內時，陽光照射產生的熱空氣會滯留在內部的玻璃窗和窗簾之間，但是，若在室外就將陽光阻絕的話，室內就不會產生熱空氣，可以有效減輕冷房負荷。一般最常使用的遮陽設計是屋簷，當陽光從太陽高度較高的南方照射過來時，屋簷可以阻絕陽光照射，但陽光照射的角度如果偏向東西方，屋簷就無法發揮有效的阻絕效果了。這個時候，裝設在室外的百葉窗就可以派上用場（圖1）。

　　夏季的夕陽西曬是一天當中最熱的時候，因為陽光照射的角度相當傾斜，所以會直接照入室內，造成相當大的冷房負荷。因此，最好的方法就是盡可能不要將房屋設計成朝西的方向，如果因計畫上的需求而必須將房屋設計成朝向西方時，最好在室外裝設百葉窗來阻絕西曬陽光。將百葉窗裝設在室外的好處是，能夠調整百葉窗板的角度。因為夏

季的夕陽西曬角度，是從近乎於水平的方向照射過來的，所以調整百葉窗板的角度，也許會讓室內變暗，但卻能有效地阻絕陽光。至於其他的季節也能夠藉由調整百葉窗板的角度來達到有效採光或通風的效果，甚至還能夠將百葉窗整個往上收納。另外，也能當做圍牆來使用。

　　日本傳統的「蘆葦簾」或「竹簾」，其設計也是想在陽光照入室內之前，就將陽光阻絕，雖然耐用性較低，但設置方法相當簡單，在視覺上也可以營造出非常舒適涼爽的感覺，所以今後在環境保護上，也可以積極加以利用。

◎圖1　屋簷和百葉窗的陽光阻絕效果

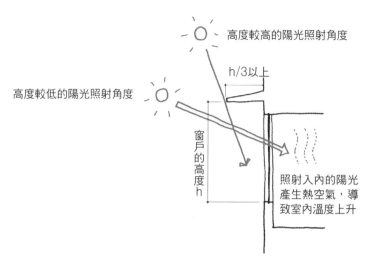

高度較高的陽光照射角度

h/3以上

高度較低的陽光照射角度

窗戶的高度 h

照射入內的陽光產生熱空氣，導致室內溫度上升

屋簷
- 陽光從太陽高度較高的南方照射過來時，屋簷可以阻絕陽光照射。
- 但陽光照射的角度如果偏向東西方，屋簷就無法發揮有效的阻絕效果了。

在室內裝設百葉窗

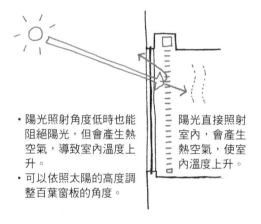

- 陽光照射角度低時也能阻絕陽光，但會產生熱空氣，導致室內溫度上升。
- 可以依照太陽的高度調整百葉窗板的角度。

陽光直接照射室內，會產生熱空氣，使室內溫度上升。

在室外裝設百葉窗

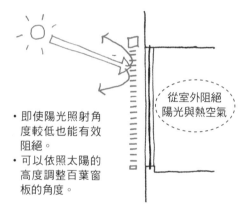

- 即使陽光照射角度較低也能有效阻絕。
- 可以依照太陽的高度調整百葉窗板的角度。

從室外阻絕陽光與熱空氣

現代茶道館的竹簾

傳統的竹簾是以蘆葦等自然素材所製成，雖然質地又輕又涼爽，但不耐用，此圖片中的竹簾是以鋁管製成的。

竹簾的功能不只是調整光線或遮陽效果，在視覺上也能營造出舒適涼爽的感覺。

複式帷幕牆是有效的隔熱空間

Point

- 有效利用空氣層來達到隔熱效果
- 玻璃材質以外的複式帷幕牆也相當有效

玻璃落地窗雖然可以確保自然採光，並創造出開放空間感，但如果只使用單片玻璃，其隔熱性能就相對較低。為了能夠達到環保建築的要求，可以使用雙層玻璃來隔熱，然後在兩片玻璃之間保留一點空間當做空氣層，便可達到隔熱效果。若有足夠的平面空間，也可依照此方法來加寬玻璃之間的空間，如此一來可更有效地降低冷暖房的負荷。因為外表是兩片玻璃，所以稱為雙層玻璃，經常用於辦公大樓的玻璃帷幕牆。雙層玻璃的空氣層為了提升隔熱性能，必須具有氣密性才行；而複式帷幕牆的功能，則是在促進玻璃之間的空氣對流循環。

夏季時，複式帷幕牆內的空氣因受到戶外熱空氣的影響，溫度會上升，透過帷幕牆上方的排氣裝置，可以達到自然換氣的效果。因為熱空氣不會滯留在窗戶附近，所以室內溫度不容易受到戶外溫度的影響（圖1）。

冬季時，關閉帷幕牆上方的排氣裝置，熱空氣就會滯留在複式帷幕牆之間，除了可以運用這些熱空氣來達到建築物蓄熱的效果外，也可以運用這些熱空氣，當做是預熱的暖氣使用，再透過機械循環輸送至室內的每個角落。將帷幕牆內側的窗框設計成可開關的形式，即使在冬季期間也能夠變換成自然換氣的模式。

其他關於複式帷幕牆內的空間，還有許多方法可以運用，例如促進空調的循環、或加設百葉窗來控制採光等，都是有助於提升室內環境的使用方法。雖然複式帷幕牆之間的間隔空間能夠運用於各種用途，但為了能夠有效促進空氣對流、以及方便進行維修、保養等作業，因此在設計階段時，就必須要保留足夠的空間。

雖然複式帷幕牆主要是運用於大規模的建築物，但也能夠運用於環保住宅上。例如，在外側和緣廊之間裝設窗戶，然後在緣廊和房間之間裝上和室門，如此一來，緣廊這個空間就等同複式帷幕牆內的空間一樣，可以發揮其功能（圖2）。

◎圖1　在不同的季節裡，使用複式帷幕牆的方法

夏季

- 因太陽的熱能使複式帷幕牆內的空間變暖，熱空氣會往上升。在上方設置排氣裝置，就能增加自然換氣的效果。
- 因為熱空氣不會滯留在窗戶附近，所以室內溫度不容易受到戶外溫度的影響。
- 在複式帷幕牆之間裝設百葉窗可控制採光，其遮陽的效果比在室內裝設百葉窗的效果還要好。

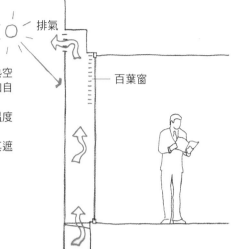

排氣

百葉窗

冬季

- 複式帷幕牆之間的空氣層可有效隔熱。
- 運用複式帷幕牆之間的熱空氣來達到建築物蓄熱的效果，也能當做預熱的暖氣使用。

透過機械循環將熱空氣輸送至室內的每個角落

◎圖2　玻璃與和室門如同複式帷幕牆的範例

和室門就等同雙層玻璃窗的內側那端，與外側的玻璃之間隔有空氣層，形成複式帷幕牆。

相關連結 ▶003項目

小庭院也有
多元化用途

小庭院一般都被規劃在建築物或圍牆內,面積大小大約都在一坪左右。這種小庭院以往多是指日本京都的傳統街屋中,主建築與副建築之間的庭園。不過以現代的居住環境來說,為了加強自然採光和通風的效果,即使是在狹小的建築用地上建造密集住宅,也多會設置一個小庭院。

小庭院的優點是,透過在擁擠的內部空間裡設置一個小小的外部空間,可以提升室內環境的品質。雖然小庭院的規劃在平面設計上被劃分在建築物的範圍裡面,但通常會設計在必須加強採光的房間裡、或是設計在想要自然採光,但又要保有隱私的必要空間(如浴室等)旁(圖1)。

造景的設計是多元化的,若是單純只利用石頭、白砂、和植栽來呈現的枯山水庭院為主題,基調配色就以白色為主,白色可以反射日光,使室內採光更加明亮。以這種主題為庭院,雖然很容易修繕維護,但在設計上的變化不大。

若以栽植樹木為主題時,就要考慮庭院的面積、方位等條件了,其中最重要的是要選擇適合栽植的樹種。尤其若是對夏、冬兩季日照時間的變化有所顧慮時,建議最好選擇落葉喬木來栽植比較適合。

不管庭院是以枯山水、還是以綠化為主題,地板最好選用保水性佳的材質。另外,日本庭院也常使用苔蘚,不但保水效果極佳,而且在沒陽光的情況下也能存活。

透過陽光照射,小庭院內的空氣會漸漸變得暖和,然後濕氣開始蒸發,進而產生上升氣流,雖然此時會促進室內的通風效果,但萬一水分蒸發過多,導致室內溫度下降太快的話,恐怕會發生煙囪效應,這點要務必小心。

夏季可以在小庭院內灑水。不過,小庭院是被圍在建築物裡面的庭院,因此容易發生積水的情況,在設計階段時,就應該要好好地考慮有關排水處理的對策。再者,設置盆栽的水盤或水池等設施,雖然對冷空氣的形成有所幫助,但在下雨或下雪時,可能會造成建築物浸水等問題,這點在設計規劃時,也應該慎思才行。

◎圖1 庭院的設置規劃

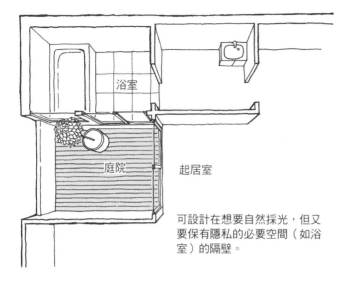

可設計在想要自然採光，但又
要保有隱私的必要空間（如浴
室）的隔壁。

照片1
日本大仙院的枯山水小庭院。

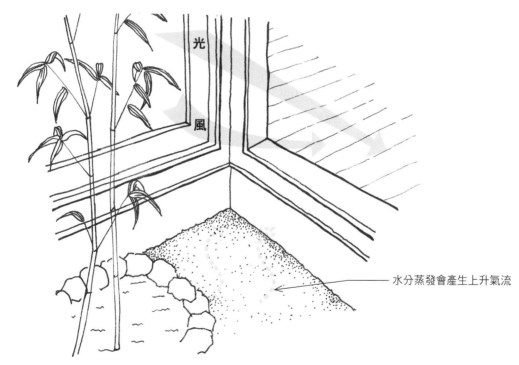

光

風

水分蒸發會產生上升氣流

地板應盡可能選用保水性高的材質，為了防止建築物浸水，應仔細衡量排水計畫。

012

窗戶的位置

- 通風效果因窗戶的位置、及種類而異
- 為了提升通風效果，應慎思窗戶的設置位置

決定窗戶的位置、或大小時，不能只考慮採光效益，通風效果的優劣也很重要。如果能從窗戶獲得自然通風的效果，不但可以將囤積在室內的熱空氣排出，還能從戶外引進新鮮涼爽的空氣。這除了可以控制夏季期間的冷房負荷之外，也能提升自然換氣的效果。

為了獲得良好的通風效果，首先要建議的是，在一間房間內最好設置兩扇以上的窗戶。因為風必須有入口和出口，所以如果只設置一扇窗戶的話，出入的風量就會大受影響。但是，若沒有辦法在同一個房間內設置兩扇窗時，也可以考慮將門設計成開放式的構造（拉門、或在門上加設氣窗等），使風流通在複數以上的房間之間（圖1）。

下風處的窗戶應設置在位置較高的地方較為恰當。因為室內的熱空氣會上升，所以在沒風的時候也能達到自然換氣的效果。如果只有考慮通風效果，當

然窗戶是愈大愈好，不過窗戶的面積愈大，其隔熱效果就會愈差，熱損失也會隨之增加，所以在設計窗戶時必須好好地仔細衡量才行。

例如，即使是面積大小相同的窗戶，也可以藉由把窗戶的形狀，設計成容易把風引進室內的形狀。縱向形狀的雙向窗，其自然通風的效果比雙扇滑動窗的效更佳，因為縱向的窗面容易引導風順著窗面吹往室內（圖2）。若在旁邊的牆壁設置翼牆，也能有效達到引導風向的效果。

通風設計要達到全盤、且周密的規劃，雖然在執行上相當困難，而且也很容易受到建築物所在地的氣候條件或周邊環境影響，不過可以參考氣象局所提供的各地區風向資訊，先了解當地盛行風的風向後，再開始設計。還有，不可以只憑著收集到的數據來判斷，實際到現場考察也是設計階段中不可或缺的步驟。

◎圖1　設置兩扇窗戶的計畫

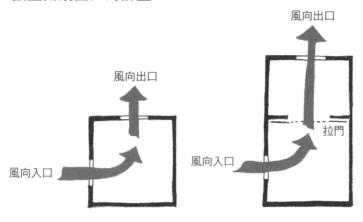

為了獲得良好的通風效果，在一間房間內最好設置兩扇以上的窗戶。萬一在同一個房間內沒辦法設置兩扇窗時，也可以考慮將門設計成可開放式的構造（拉門或在門上加設氣窗等），使風流通在複數以上的房間之間。

◎圖2　窗戶的開關型式

橫拉式雙向窗　　　　　　　　　　　　　　**雙扇滑動窗**

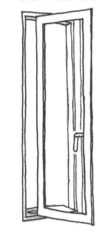

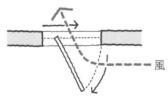

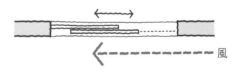

縱向的雙向窗的自然通風效果比雙扇滑動窗的效果更佳，因為縱向的窗面容易引導風順著窗面吹往室內。還有，橫拉式雙向窗的轉軸部分也能開啟，所以可以清掃到窗戶的外側，比起單純的推窗來說，雙向窗能夠導入來自各方的風。

013

從剖面去思考屋頂的環境設計

Point

- 了解自然環境、以及街景等周邊環境，設計出能融入街道環境的屋頂形狀和材質

屋頂的形狀可以塑造出美麗的風景

無論在國內或國外，前人所建造的住宅形狀都是以符合當地區域的風土民情為主。其中，最具代表性的是屋頂形狀，例如與當地環境相融的避難所（掩避天災的場所）屋頂，就有很高的代表性。在長年累月下來，最可以顯現出當時的環境條件、或人民因應生活的方式。

在經常下雪或下雨的區域裡，為了避免積雪或積水，會將屋頂的斜度設計得比較陡，也會比較講究屋簷的形狀；至於在風比較強的區域則是要將屋簷設計得比較低，以避免強風吹襲。另外，還有可因應炎熱陽光照射或通風等問題的屋頂，每個屋頂的形狀都各具特徵，可以見識到各式各樣的巧思（圖1）。

再者，透過街道上常見的建築材料種類，也可以窺見當地的特徵。一般來說，木材是最常被使用的建築材料。從取得難易度和加工難易度來看，不管是採用堆疊方式、或是組裝成骨架的方式，木材都有各種不同的用法。

在不容易大量取得木材的地方，發展出一種拱形屋頂，以容易彎曲的幼樹或石塊等建造而成。而覆蓋屋頂的材料，還有其他像是稻草、茅草、木板、石板瓦、以及土壤等。

營造街景、建造具有當地特色的屋頂形狀，可以創造出當地的風景故事（圖2）。我們應該盡可能與前人一致，設計出符合當地區域環境的屋頂形狀並使用適當的建材，以此做為環保建築的發想原點，繼續傳承於後世。

在各種屋頂樣式中，哪種屋頂形狀較適合經常下雪、下雨的地方？哪種屋頂形狀較符合風的特性？除了必須考慮外觀與內部空間的關係之外，也要了解房屋外觀是否可融入自然環境或周邊環境中。對環保建築來說，最重要的就是要先經過綜合性地判斷，然後做最適當地選擇。

◎圖1　屋頂的形狀

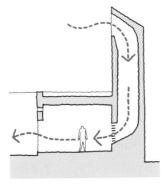

愛斯基摩人的冰屋屋頂是以雪或冰建造而成。

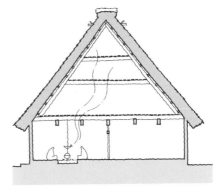

日本合掌式建築的屋頂形狀。

伊朗的風力塔建築，可以將風導入室內。

義大利阿爾貝羅貝洛鎮的屋頂形狀。

◎圖2　可營造風景的屋頂

愛爾蘭的茅草屋屋頂。

義大利阿爾貝羅貝洛鎮裡以石塊推砌成屋頂的風景。

014

建築於風雪環境中的屋頂

Point
- 「落雪屋頂」與「無落雪屋頂」
- 在防風方面，以不會阻擋風向的屋頂形狀最佳

對會下雪的地方來說，建築物的屋頂形狀大致上可分成兩類。有可讓雪順著屋頂斜度而落下的「落雪屋頂」、以及雪不會順著屋頂的斜度落下，而是會堆積在屋頂上的「無落雪屋頂」。

落雪屋頂‧無落雪屋頂

落雪屋頂是指傾斜度超過60°以上的屋頂，因為斜度很大，所以雪不會堆積在屋頂上，而是順著屋頂的斜度往下掉。當屋頂斜度在60°以上時，雪就不會堆積在屋頂上；反之，若斜度小於60°以下時，屋頂上就會積雪（圖1）。

建造落雪屋頂時，必須仔細考慮建築用地的面積大小、屋頂的斜度和方向。如果沒有考慮到落雪距離，就可能會阻礙建築物的出入口（圖3）。再者，也要保留空間來堆積從屋頂上落下的雪塊，所以周邊環境也要顧及才行。

至於無落雪屋頂則可分成兩種類型，一種是使用具有摩擦力的屋頂材質、建造成有傾斜度的屋頂，另一種是建造成完全沒有斜度的屋頂（平屋頂或水平屋頂）（圖2）。

無落雪屋頂是把堆積的雪層當成隔熱材（但是只限於0℃以下的雪）使用，對保持室內的溫熱環境相當有效。因為積雪超過15公分以上就會產生「冰屋效應」，當這些含有空氣的雪堆積成雪層後，就有類似隔熱材的效用（圖4）。

另外，採用雙層屋頂的設計時，因為室內的熱能不會傳導至外層屋頂上，所以可能會發生雪融化後又再次結冰的情況而產生破壞力，為了避免造成建築物的損壞，應該要盡量避免（圖5）。

強風地方的屋頂形狀

風的方面，建築物的屋頂最好設計成空氣阻力小、且不會產生亂流的形狀。如果將屋簷高度設計得低一點，然後再將形狀設計成不會阻擋風向的形狀，對風的影響就會變小，而且這種構造也適用於溫熱地區（圖6）。

至於防風方面，除了建築物本身之外，從古至今都會藉由像防風林、屋敷林、籬笆、防雪籬笆等設計來加強防風效果（圖7）。

◎圖1　屋頂傾斜度

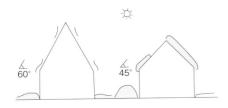

◎圖2　無落雪屋頂的形狀

有斜度的屋頂是使用有
高摩擦力的屋頂材質

水平屋頂

◎圖3　落雪的方向和建築物的出入口

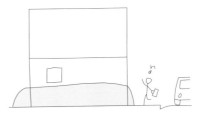

◎圖4　將雪當做隔熱材使用的範例

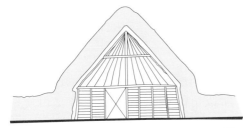

愛努人（日本原住民）的「茅草屋（愛努語稱為
chise）」將厚度1公尺的雪當成隔熱材來使用。

◎圖5　雙層屋頂

◎圖6　不阻擋風向的屋頂形狀

阻擋到風向會產生亂流

風向順暢

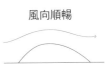

◎圖7　沖繩的房屋範例

營造防風的居住環境，將屋頂設計成不會阻擋風向的屋頂形狀。

四坡屋頂有助於通風

015

從光和熱方面考慮環保建築的屋頂

Point

- 須慎重考量建築物的方位或屋簷的深度
- 為了達到良好的隔熱效果，應注重屋頂的性能

在環保建築裡，建築物開口位置上方的屋簷、以及屋簷深度，對室內的溫熱環境也是相當重要的。

屋簷的設計不但可以避免受到盛夏炎熱的陽光照射，但在寒冬也不會阻擋溫暖柔和的陽光照射。為了達到這個效果，應將南側的屋簷深度加深，如此一來，就能夠避免盛夏期間，太陽通過正南方時的炎熱照射了。

至於冬季，因為太陽照射的角度較低，所以陽光不會被屋簷阻擋掉，可以直接照入室內。不過，這並不是所有的角度都能適用，萬一太陽是傾向東方或西方的話，就不適用了（圖1）。

如果將建築物南側的房間深度，設計成深度較淺的房間，然後在房間外面再建造一個被屋簷覆蓋的半室外空間，這個半室外空間因為有屋簷遮陽，就會產生溫度差，形成涼風吹入室內（圖2）。而且，如果將屋簷高度設置成圖3所示的高度時，屋簷就會兼具導光板的功能，

除了可以阻擋陽光直接照射窗戶外，屋簷外部還可以將陽光漫射到室內的天花板，使室內更為明亮，這對環保也有相當大的助益。

由於太陽的高度會隨著時間和季節而改變，如果設計時可以綜合考量建築物的方位和開口部的位置、以及屋簷形狀的話，就能夠建造出適合溫熱環境的舒適住宅了。

因為複層式屋頂、或雙層屋頂，都是以兩層屋頂的形式來建造的，所以有兩層構造可以阻擋光和熱，而且在這兩層屋頂中間具有通風效果，可以提高遮陽、以及隔熱的性能（圖4）。同樣地，早期以來也有在屋頂上覆蓋土壤、然後再鋪上稻草或茅草等，以自然素材做為隔熱材來使用的例子（圖5）。另外，各式各樣的綠化屋頂除了能有效因應溫熱環境外，同時也能做為營造生活樂趣的場所，這在環保建築當中，是相當有魅力的建築方式。

◎圖1 太陽的高度（東京）

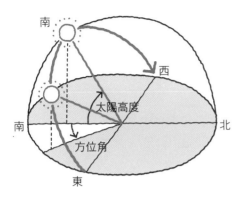

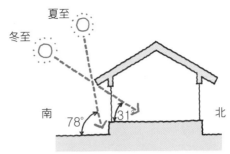

計算太陽通過正南方高度時，例如東京為北緯35.4°，是以小數點以下四捨五入求得的。

◎圖2 溫熱程度依屋簷深度的不同而改變

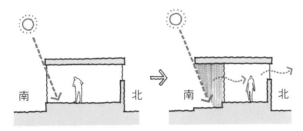

◎圖3 導光板

可透過屋簷或露台反射至室內

◎圖4 複層式屋頂、雙層屋頂

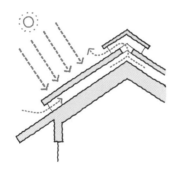

◎圖5 將草皮覆蓋在屋頂上當做隔熱材使用

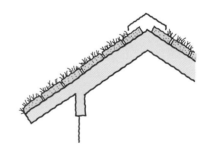

◎圖6 在屋頂上也可以積極地享受生活

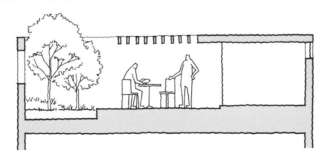

016

從剖面去了解
開口部分的環保設計

Point

- 先徹底了解周邊環境後，再考量開口部的位置與大小
- 建造庭院可以享受大自然的恩惠，創造舒適的生活品質

有關牆壁開口部（窗戶）、或屋頂開口部（天窗）的設計，特別是從剖面去思考環保建築計畫時，隨著這些開口部的面積大小或形狀、位置等的不同，具備的機能也會有所差異。如果把開口設計在較高的位置，就能夠有效增加採光效益，若是設計得較低，除了增加採光效益外，也可增加通風效果、以及創造出能欣賞戶外庭院、盆栽的良好視野（圖1）。

日本的住宅大多喜歡把開口部設計在建築物的南側，不過像北側或其他視野良好的方位，其實也可以列入考慮。例如，當北側的開口部有公園、或鄰居的庭院等綠景時，透過陽光的直接照射，就可以享受到美麗的翠綠景色（圖2）。環保建築就是希望能有像這樣的開口，在講求環保的同時，還能夠欣賞美麗的大自然風景。

天窗的採光，最好是不要採用直射的陽光，理想的採光方式是讓陽光照射在牆壁等處，然後透過牆壁等媒介，將光線漫射至室內。由於盛夏的直射陽光會使室內變得相當悶熱，所以必須有遮陽和隔熱的對策（圖3）。

如果增加室內與戶外環境的連接空間，建築物的外部表面面積就會增大，這樣一來，在盛夏、或寒冬期間的熱負荷就會變大，這點對溫熱環境中的建築物而言，是相當不利的。不過，若在外牆和開口部的計畫裡，已有安排溫熱環境的因應對策，這些問題其實也不難解決。只要建造像中庭、小庭院、南庭院或北庭院般的開放空間，就可以增加採光和通風的效果。如此一來，在生活中的每一天，不但能夠享受到大自然的恩惠，還可以響應環保。而且，在庭院裡鋪上底板，再放置長板凳的話，就能夠將室內生活延伸到戶外，創造出豐富、舒適的生活形態了。

◎圖1 開口部分的位置規劃

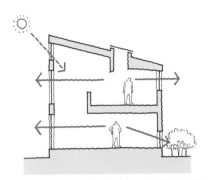

可以看出開口部分和戶外空間是以哪種方式連接的。

◎圖2 確保視野和採光效益

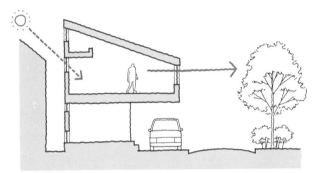

像北側或視野良好的方向，其實也可以列入開口部分的考慮方位。

◎圖3 天窗的規劃

對環保建築來說，以開口面積小、
且能分散光源的天窗最佳。

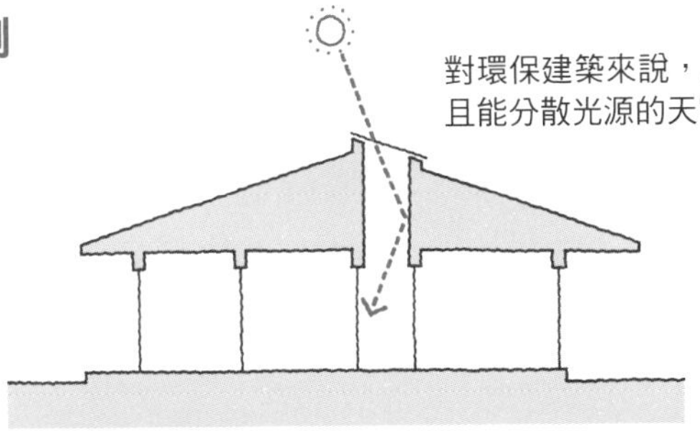

◎圖4 利用開口部來銜接空間

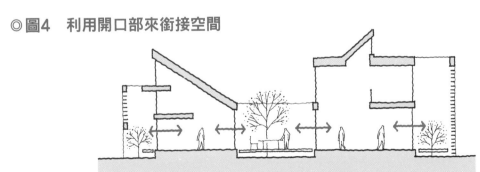

建造開放空間的話，就能擁有更多的起居空間，不但
可以感受到季節的變化，生活也更加多采多姿。

017

從剖面去了解
樓梯井的環保設計

Point

- 藉由樓梯井來增加採光與通風，但在冬季要規劃地暖裝置
- 採光通風優良的地板和牆壁

樓梯井可以連接住宅的上下層，形成一個整體的空間。採光通風優良的開放立體空間，不但可以創造舒適、愉快的豐富體驗，還能夠維繫家族之間的感情。

對於溫熱環境的建築物而言，因為樓梯井具有很大的空氣容積，所以會產生上層和下層的溫度差。夏季期間，溫度差較大，會產生煙囪效應。透過煙囪效應，空氣就會自然地產生流向形成風（圖1）。反之，在冬季期間，因樓梯井會造成冷空氣下降，所以腳部容易感到冰冷，為了要補足這個缺點，可以規劃使用地暖設備等裝置，來達到保暖效果。只要使用地暖設備，熱空氣就會隨著樓梯井緩慢地上升，這樣一來，上層就幾乎不必使用到空調設備就能夠變得暖和了，也可因此達到節能的效果。

關於樓梯井的躍廊式設計，是指每半層樓便設計一層地板，且每層地板之間還互相錯開，形成狀似樓梯般的空間。因為每個樓層的高度不一，所以在這個充滿變化的空間結構裡，反而能夠創造出一個舒適、且有規律的空間。因為樓梯井的設計，會產生一連串的平面和高度，所以整體上可以呈現出開放性和變化感（圖2）。

當地板面積無法用來建造像樓梯井的空間結構時，可考慮使用格子牆或FRP（玻璃纖維強化塑膠，Fiberglass Reinforced Plastics）格柵板等具有高穿透性的建材，來建造地板或隔間牆壁，建造出採光、通風優良的空間。而且，配合格子牆和連子窗等隔間材料使用的話，可依環境條件自由地控制開關，是可以確保採光和通風效果的環保設計（圖3）。

樓梯也是屬於樓梯井設計的一種，樓梯踏板若使用玻璃、格柵板、金屬擴張網等高穿透性的材質，不但看起來簡單、時尚，採光和通風效果也很好，是相當健康的建築設計（圖4）。

◎圖1　煙囪效應

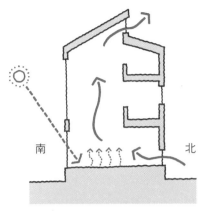

南　　　北

樓梯井的煙囪效應。

◎圖2　躍廊式設計

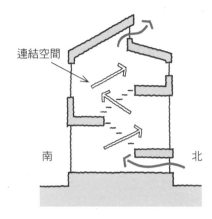

連結空間

南　　　北

躍廊式設計能夠創造出一個舒適、
且有規律的立體空間。

◎圖3　可通風、採光的地板與牆壁

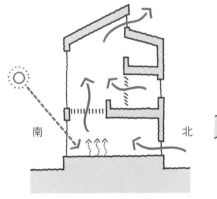

南　　　北

利用格子牆或格柵板
所創造的空間變化。

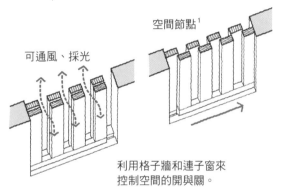

空間節點[1]

可通風、採光

利用格子牆和連子窗來
控制空間的開與關。

◎圖4　樓梯井的環保設計

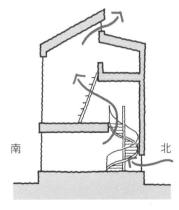

南　　　北

因樓梯井上方的窗戶隔熱
性能較差，所以冬天時比
較容易發生冷空氣下降的
現象（冷擊現象）。

樓梯也可以有樓梯井的效果

譯注：
1.將空間安排、空間結構、以及距離視為一個變數來影響事物的本質，就是節點。簡單來說，就是空間上的交接點。在地理上，是指貨物移動時的起
　點、終點、和轉運點，通常是指聚落和都市。而節點的機能會因居民的活動內容而不同。

018

從剖面去規劃
地下室的環保設計

Point

- 設計採光、通風效果優良的開放式地下室
- 透過開口部、或樓梯井的設計,與上層空間做連接

為了在現代的狹小土地上確保必要的生活空間,可以考慮善用地下空間。因為地下空間的周圍環境都是土壤,所以具有高隱密性與恆溫等優點。而且,因為溫度穩定,所以在溫熱環境中也可以過著舒適的生活,至於缺點則有溼度高、容易滲入地下水、以及採光與通風不良等。

其中,與戶外環境隔絕的這個優點,雖然是地下空間的魅力之一,但除了當成封閉式房間(視聽室、隔音室等)使用以外,為了能夠更多元地運用地下空間,也必須增加採光和通風等環保設計,才能創造出具有開放感、及舒適感的空間。

為了使地下空間具有環保特性,可以考慮以建造採光通風井的方法,或者採用樓梯井設計來與上層空間做連接,若因條件限制而無法建造樓梯井時,則可以考慮設置天窗、或採光窗(高處窗戶)的方式來彌補。採光通風井是指為了加強地下室的採光和通風,從戶外地面挖掘至地下室的開放空間。建造採光通風井後的地下室,因為光線充足、通風優良,所以也可以當做外部空間來使用,只要在那裡栽植樹木、放置長板凳或桌子的話,就可以成為舒適的生活空間了(圖1)。

另外,後者建造樓梯井的方式,可以把地下室和一樓的空間做連接,連接之後的整體空間不但可以達到採光、通風的效果,還能創造出舒適、且有開放感的空間(圖2)。至於天窗或採光窗(高處窗戶)的設計,因為是透過直接採光、通風的方式,所以若是把室內部分當做是日光室來使用的話,可以獲得不同層面的豐富體驗。若以隔間材料來做空間區隔,不但可以自由運用該空間,還能把溫熱環境隔離開來(圖3)。因為在溫熱環境下,多少會產生熱負荷、或雨水滲入的現象,所以必須事先準備一定的對策才行。

◎圖1 建造採光通風井

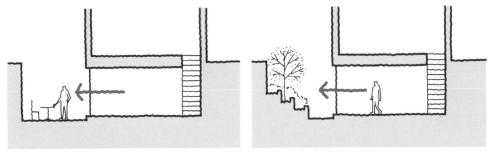

採光通風井屬於室外部分。

可以積極創造不同的生活型態。

◎圖2 建造樓梯井

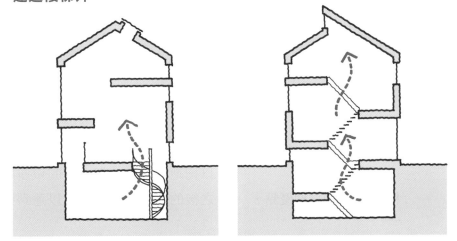

建造樓梯井，雖然牆角部分是密閉式的構造，但因為地下室和一樓
有做空間上的連接，所以屬於開放空間，採光、通風效果極佳。

◎圖3 在地下室設置天窗

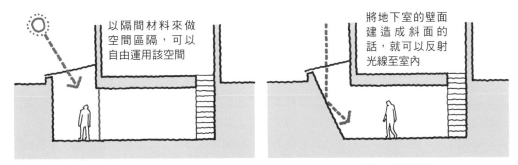

以隔間材料來做
空間區隔，可以
自由運用該空間

將地下室的壁面
建造成斜面的
話，就可以反射
光線至室內

透過地下室專用的天窗或採光窗（高處窗戶），可以加強採光和通風效果。

Column 二氧化碳真的是造成地球暖化的兇手嗎？

◎ 溫室效應氣體一覽表

溫室效應氣體	地球暖化係數	特徵	暖化比例 (%)
二氧化碳 CO_2	1	・燃燒石化燃料所排放的氣體 ・動物呼吸所排放的氣體	60
甲烷 CH_4	20	・天然氣的主要成分 ・酪農業也會產生	20
氧化亞氮 N_2O	300	・燃燒石化燃料所排放的氣體	6
氟氯碳化物 CFC	數十至數萬	・冷氣冷媒、人工合成的清洗劑 ・都含有破壞臭氧層的物質	14

在現今社會，不論是問誰，提到什麼對地球有害，大家都會一致回答是二氧化碳。為什麼二氧化碳會對地球有害呢？因為大部分的人都認為二氧化碳是造成地球暖化的主要原因。關於這點，我們先試著冷靜下來、仔細地思考看看。地球上的氣溫，基本上是由太陽提供的熱能、與地球釋放至宇宙的熱能相減的差所決定的。如果，地球沒有大氣層的話，平均氣溫應該會變為攝氏-8℃吧（以克耳文溫標表示的話則為265K）。但是，就是因為地球有大氣層保護著，所以地球的平均氣溫大致都維持在15℃左右。大氣的暖化效果，是指每增加23℃的熱，地球的氣溫就會上升。另外，造成暖化效果的主因幾乎都是來自於水蒸氣，並非是二氧化碳。

地球的溫度上升與二氧化碳的關係是，當海水的溫度上升，就會釋放出海水裡所含的二氧化碳氣體。換句話說，氣溫上升的主要原因並非是因為排放二氧化碳的關係，正確的說法應該是，正因為氣溫上升，所以才會造成二氧化碳的排放才對。因此，不能把二氧化碳當成是氣溫上升的主要原因。

不過，也不能因此把二氧化碳減量的指標當做是一個錯誤的觀念。因為，事實上人類確實應該要減少消耗地球上的能源。因此，我們必須要徹底改變人類到目前為止的能源密集的生活形態。想要減少二氧化碳的排放，要從減少消耗石油等石化燃料、和減少使用核能發電來做起。為了支持發展再生能源的社會，現在的消耗能源用量應該要減量到二分之一～三分之一左右。如果要維持目前生活型態的能源用量的話，就不能只把二氧化碳當成是造成地球暖化的唯一兇手了。

3 環保的外部陳設

019

善用屋頂露天平台

Point
• 使用防水＋α裝置，使「屋頂天台」成為注重環境的「環保露天平台」。

屋頂露天平台可說是生活中的第二個起居場所。尤其在庭院空間不足時，可以把屋頂露天平台當做戶外空間善加利用。即使是都市型住宅，在屋頂的露天平台上活動時，也能不用在意周邊環境，而且日照充足、視野遼闊，是一個相當舒適的戶外開放空間（圖1）。例如，晚上可以欣賞綻放的煙火、傍晚可以乘涼等等，就算只是一望無盡地眺望附近住家的屋頂，也能達到放鬆精神的效果。

屋頂上的防水處理，只要處理妥當，不會影響到日常生活的動線就沒問題了。不過，既然都要建造了，建議可以從節能與環保的觀點來思考，添加一些「增加樂趣的裝備」，例如採取鋪上木頭底板，然後在屋頂上栽種植物等的方式。

在屋頂鋪上木頭底板或庭院地磚，可以與屋頂表面保有通風層，也是防止陽光照射的一種對策。另外，在屋頂上栽種植物（圖2），可以透過土壤或植物所產生的蒸發作用，來減少建築物的蓄熱，達到緩和室內溫度變化的效果。設置籐架（照片2）等，可以減少陽光直射到屋頂的面積，防止屋頂的表面溫度上升。

建造屋頂的露天平台時，有幾個要點必須特別注意。第一點是防水處理。在鋪設底板（圖3）、設置籐架的時候，安裝架子的托架與零件應該使用高耐腐蝕性（防鏽性）的產品，而且在安裝時就必須做好防水處理。另外，在屋頂上栽種植物，會增加地板的承載重量，所以要預先檢視建築構造的各種措施，再擬定對策。為了防止落葉阻塞排水口或排水管，除了要定期清掃之外，設置灑水系統等一般的維護工作也要定期執行。

建造屋頂的露天平台並不只是單純為了豐富生活而已，其實還能有效節能、響應環保，很值得嘗試看看。

◎圖1　屋頂的露天平台是第二個起居室！

可欣賞煙火

可遠眺高樓大廈的夜景

周圍只有屋頂和天空……

可在屋頂種植自家食用的蔬菜

利用木製底板等，在屋頂上設置通風層

◎圖2　鋪設底板時

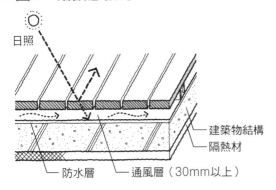

日照

建築物結構
隔熱材
防水層
通風層（30mm以上）

・為了不損壞到防水層，裝置時需留意。
・要調整成符合水分梯度的方向。

◎圖3　放置盆栽、景天科植物時

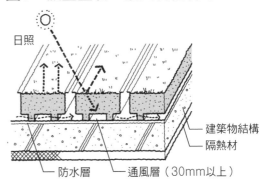

日照

建築物結構
隔熱材
防水層
通風層（30mm以上）

出處：「自立循環型住宅的設計指南」，
日本（財）建築環境・節能機構

照片1
在屋頂天台植栽的範例

照片2
籐架的範例

020

採光天窗（高處側窗）的好處一舉數得

Point

- 採光天窗是採光、通風的最佳途徑
- 提升其他窗戶的機能

　　窗戶依照設置位置的不同，功能也有所差異。採光天窗多是設置在兩個傾斜度不同的屋頂所形成的高低落差處、或是設在與天花板垂直的牆壁最上方。像這樣在高處設置採光天窗有助於提升室內環境的性能（圖1）。

　　採光天窗有促進通風、換氣、善用白天陽光等優點，還能利用地板附近和天花板附近自然產生的溫度差，促使風的流動與換氣，達到蓄冷的效果。不只採光天窗有此效果，設置楣窗（俗稱氣窗）也可以促進空氣流通，達到提升環境性能的目的。

　　從採光天窗投射到室內的陽光，不但可以照亮室內空間，還可降低照明能源的消耗。尤其是當採光天窗設置在北側的牆壁上時，光源會比設置在南側、西側牆壁上的光源要來得穩定，可說是保持室內照明穩定、明亮的最佳選擇。

　　以都市型住宅來說，大部分的人都很在意隔壁鄰居的視線或聲音，對窗戶外的景色也大多不太滿意。這時候，如果把採光天窗設置在南側牆壁上方，燦爛的陽光就會從高處投射到室內，就算想要抬頭仰望蔚藍的天空、或皎潔的明月，也不會有障礙物阻擋到視線。不過，夏天就要採取一些遮陽對策了，為了避免陽光直射，可以考慮裝設捲簾式百葉窗、或加裝屋簷等。

　　因為採光天窗是設置在靠近屋頂的牆壁上，所以即使是外出或夜晚，都可以開著無所謂，沒有安全疑慮，而睡覺時也不必開冷氣，就可達到夜間通風、散熱的效果。

　　另外，若安裝推窗的話，下小雨時，窗戶本身就可以當做屋簷使用，不但雨水不會潑濺到室內，還可以把潮溼的熱氣排出。採光天窗與一般的窗戶相比，功能較多，可以算是一舉數得，所以在環保建築方面，採光天窗是不可或缺的設計之一。

◎圖1　採光天窗的效用

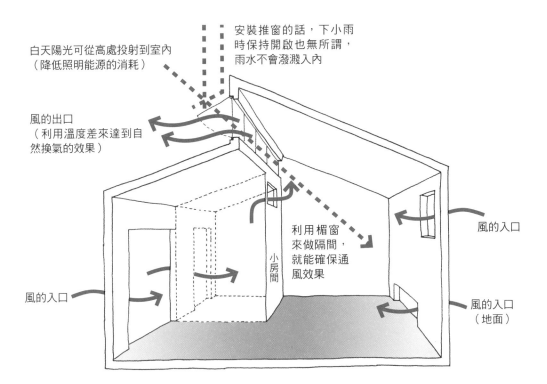

白天陽光可從高處投射到室內
（降低照明能源的消耗）

安裝推窗的話，下小雨
時保持開啟也無所謂，
雨水不會潑濺入內

風的出口
（利用溫度差來達到自
然換氣的效果）

風的入口

利用楣窗
來做隔間，
就能確保通
風效果

小房間

風的入口

風的入口
（地面）

照片1
在北側牆壁上安裝整排的天窗，
室內可以充分採光。

照片2
從外觀看，安裝整排的天窗儼然成
為建築物的特徵了。

021

捨棄傳統「面向」道路的觀念，建造「斜向」新建築

Point

- 與其面向道路，不如選擇朝向太陽（朝南）建造
- 盡量採「斜向」道路建造

在日本，大部分的人都喜歡座北朝南的建築，不過在都市計畫中，卻以道路的走向為優先考量，就像某種不成文的規定一樣，在都市裡的住宅都是面向道路來建造，根本與方位沒有任何的關係。而且實際上，也很少有房子能同時具備道路和方位這兩個條件。

若從街景考量的話，應該只有建造與道路平行的建築物，才能勾勒出整齊劃一的道路景觀吧。不過，為了使住宅裡面也能享受到最大程度的自然光源，住宅的建造應朝著能取得最充分日照的方位，也就是朝向「南方」，或是面向盛行風的風向偏45°來建造。綜合這些想法，其實可以往「斜向」新建築來思考。

若是住宅朝向正南方建造的話，就可以規劃太陽能發電，或太陽能供熱、集熱和蓄熱、日光的利用等，發揮最佳的節能效果。

若是面向盛行風風向45°建造，雖然

上風處的風壓會降低，但與下風處之間的風壓係數差，幾乎與正對風向建造時沒有兩樣，不過，卻可因而讓建築物的迎風面積增加，只要加設開口部，就能有效地發揮通風效果。以居住環境來說，微風要比強風來得舒適，而且即使只是微風，對空氣流通的效果也很好，因此可以積極地規劃窗戶數量。

此外，當建築物斜向前面道路建造的話，會使前面的空地呈現三角形狀（圖1），使用上比較受限。不過關於這點，建築設計師也有解決的方法，例如除了用來栽植樹木，同時做為孩子的遊戲場這樣具體的提案外，也可以避免與鄰居的窗戶對望、又或者可以增加從道路到玄關的通道距離等，好處其實相當多。另外，因為建築物斜向角度的關係，房屋的內部會比較容易出現不規則狀的空間，可以藉此加以變化，創造一個豐富有創意的居住空間。

◎圖1　朝南方建造的住宅配置

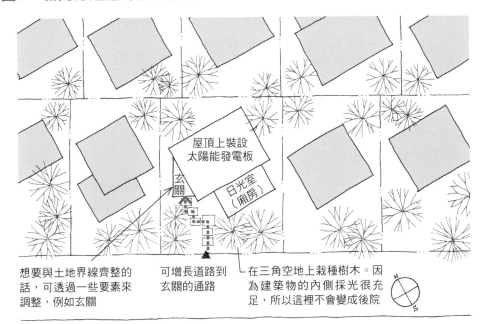

屋頂上裝設
太陽能發電板

玄關

日光室
（廂房）

想要與土地界線齊整的
話，可透過一些要素來
調整，例如玄關

可增長道路到
玄關的通路

在三角空地上栽種樹木。因
為建築物的內側採光很充
足，所以這裡不會變成後院

N S

◎圖2　朝南方建造的住宅區街景構想圖

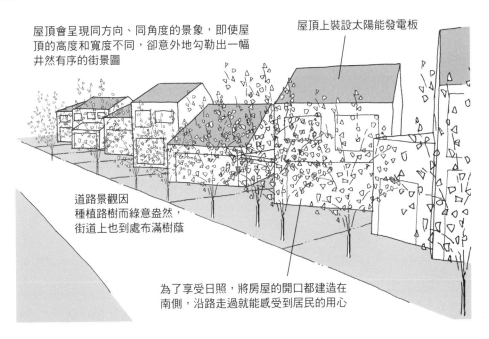

屋頂會呈現同方向、同角度的景象，即使屋
頂的高度和寬度不同，卻意外地勾勒出一幅
井然有序的街景圖

屋頂上裝設太陽能發電板

道路景觀因
種植路樹而綠意盎然，
街道上也到處布滿樹蔭

為了享受日照，將房屋的開口都建造在
南側，沿路走過就能感受到居民的用心

舉例來說，在這群斜向道路、朝向南方的「座北朝南」住宅中，就算不是所有的住宅都是斜向建築也無
所謂。這樣的街景變化，在不久的未來肯定會為街景帶來一定的影響。
萬一建築用地的面積非常狹小，在規劃上可能會比較困難。不過如果能規劃出一點點庭院面積的話，捨
棄傳統正向道路的建築，嘗試看看新時代的建築方式也不錯。

022

在屋頂下方就把
熱空氣隔絕

Point
- 重視屋頂下方的通風口設置
- 謹慎考慮空氣出入口的設置位置與大小

　　日本是個雨水豐沛的國家，所以境內的住宅屋頂大多設計成可以讓雨水自然流落的斜度。印象中，在大雪地區的街景，屋頂有很多是以茅草覆蓋、且傾斜度很大，這可說是當地特有的景色之一（照片1）。隨著材料、技術的進步，現在也有建造成水平形狀的平屋頂了。不過，無論屋頂的形狀為何，都應該要符合環境的需求才行。

　　屋頂的功能，大致上可分為兩種。一種是可以遮陽避雨，保護住宅不受戶外環境的影響。另一種則是能夠成為室內外溫度、溼度調節的緩衝空間。

　　前者的功能是指「屋頂材料」的功能。保護住宅的最外層材料必須能承受得了強風豪雨或日照的摧殘，這些都是住宅當中最嚴苛的條件。屋頂材料除了要顧全外觀整體的平衡感之外，考量到未來長期居住的品質，也會要求其耐久性或維護、修繕的難易度，而且最重要的是，必須選擇高陽光反射率的材質，才能夠發揮最佳的遮陽效果。

　　至於後者的功能則是指「隔熱和通風」的功能。閣樓的隔熱方式可分成天花板隔熱和屋頂隔熱兩種。當採用天花板隔熱的方式時，只要確保閣樓內的通風量，將熱空氣或溼氣排除，就能夠避免屋頂裡的構造材料發生結露現象，而且遮陽效果也很好（圖1）。

　　不過，要防止結露必須有足夠的通風量才行，為了避免溫度因陽光照射而上升，必須提供更多的通風量（換氣量），因此確保屋簷裡的通風口面積、或山牆上的通風口面積是很重要的。

　　另外，因為高度的限制、或為了確保內部空間、以及各種設計上的理由等，在最上層不設置平頂天花板、而是做成斜面天花板時，就要選擇使用屋頂隔熱的方式（圖2）。做法是在屋頂上方鋪設防水透氣膜，然後盡可能把通風層保持在最大限度，並在屋脊上設置通風口，使室內的溼氣可以排出室外，同時抑制戶外的熱空氣入侵。這個時候，只要把屋簷與屋脊之間的椽，設計成可通風的縱向，就可以達到良好的隔熱、通風效果了。

◎圖1　天花板隔熱和閣樓通風

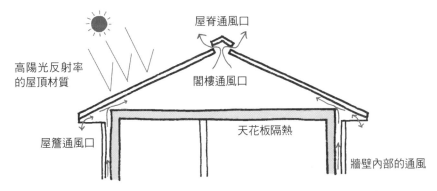

- 屋脊通風口
- 高陽光反射率的屋頂材質
- 閣樓通風口
- 屋簷通風口
- 天花板隔熱
- 牆壁內部的通風

利用閣樓做為形成室內空氣溫度差可誘導自然通風的空間。以適居性來說，在閣樓、或屋頂下做通風設計是絕對不可或缺的。

◎圖2　屋頂隔熱和屋頂通風

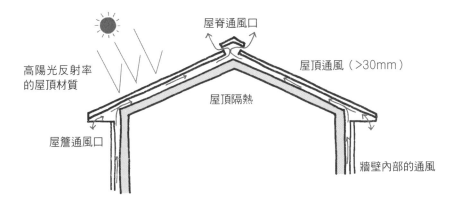

- 屋脊通風口
- 高陽光反射率的屋頂材質
- 屋頂通風（>30mm）
- 屋頂隔熱
- 屋簷通風口
- 牆壁內部的通風

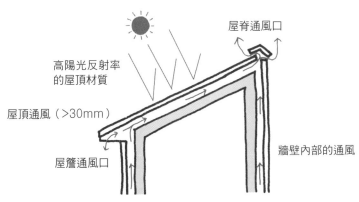

- 屋脊通風口
- 高陽光反射率的屋頂材質
- 屋頂通風（>30mm）
- 屋簷通風口
- 牆壁內部的通風

無論屋頂的形狀為何，最重要的是必須符合①屋頂材質的選擇，②依照其隔熱方式的不同，採取適當的通風系統這兩項重點。

照片1　保護住宅的大屋頂
（日本岐阜縣白川鄉）

出處：「自立循環型住宅的設計指南」，日本（財）建築環境・節能機構

023

利用屋簷、緣廊創造雅致的外觀

Point
- 外牆的附屬物，除了會在外觀形成陰影外，還能控制室內環境
- 應慎思附屬物所設置的位置與方位

日本的傳統型住宅大多附有屋簷、緣廊等附屬物，為了要製造室內與室外之間的緩衝空間，在夏季時會垂掛竹簾或蘆葦簾，在外牆的周圍也會裝上各式各樣的環境調節裝置。這些傳統上慣用的裝置對節能相當有助益，在科學上已經獲得證實。

因為太陽的高度會隨著季節而變化，所以遮陽、或取得日照的計畫，都必須因應方位或季節來進行。圖1是表示夏季和冬季日射取得量的不同。由此圖可知，像屋簷或百葉窗板等外牆的附屬物，最好是設置在建築物的東、西、或南側；緣廊或日光室之類的附屬空間，建議最好是設置在建築物的南側較佳。不過，像屋簷或百葉窗板之類的水平狀部材，只對太陽高度較高的夏季日光有效，對西方斜射的夕陽西曬則是完全無法發揮功能。

南側開口部的屋簷，其突出的長度，若是設計成從屋簷底部到窗戶底部的三分之一長、或以上的話，就可以有效發揮遮陽功能。至於防止夕陽西曬的對策，

無論是選擇栽植落葉喬木、爬牆虎（建議最好是在離外牆一點距離的地方，架設專用的棚架較佳），或者是選擇高陽光反射率的外牆材質（明亮色系）、或塗布隔熱塗料等方式，都很有效。

不過，不是只有遮蔽開口部而已，整個外牆的遮陽計畫也很重要。除了選擇適當的外牆材料外，同時也應該盡量減少戶外地面裝修材反射至外牆上的光線，透過在外牆附近栽植樹木的綠化計畫，便可形成樹蔭達到有效的遮陽效果。然後在規劃屋簷或百葉窗板的位置、大小時，應考量這些物件在建築物整體外觀上的平衡感，不只能在外牆上製造陰影，還能創造出精巧雅致的外觀（圖2）。如此一來，既可以降低牆面的溫度，也可以減少周圍環境的散熱。總之，在外牆上增設各式各樣的附屬物，都具備了環保建築的特質，不但可以創造出巧致的外觀，還能影響建築物內部的居住環境，有效達到減少周圍環境散熱的效果（圖3）。

◎圖1　不同方位的全天日照量（一年期間）

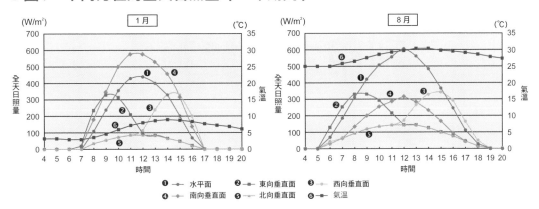

◐ ——水平面　❷ ——東向垂直面　❸ ——西向垂直面
❹ ——南向垂直面　❺ ——北向垂直面　❻ ——氣溫

◎圖2　開口的位置和遮陽材產生的效果

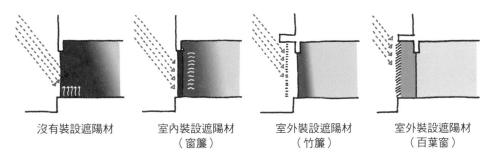

沒有裝設遮陽材　　室內裝設遮陽材
（窗簾）　　室外裝設遮陽材
（竹簾）　　室外裝設遮陽材
（百葉窗）

出處：「自立循環型住宅的設計指南」，
日本（財）建築環境・節能機構

◎圖3　利用各式各樣的附屬物打造精致的外觀

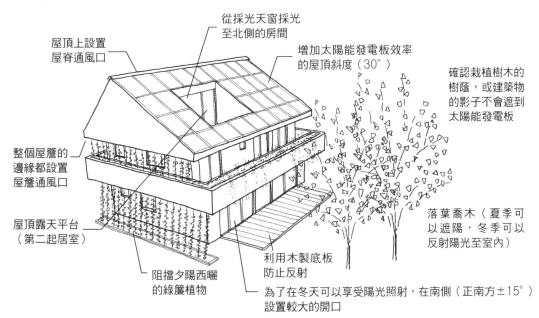

屋頂上設置
屋脊通風口

從採光天窗採光
至北側的房間

增加太陽能發電板效率
的屋頂斜度（30°）

確認栽植樹木的
樹蔭，或建築物
的影子不會遮到
太陽能發電板

整個屋簷的
邊緣都設置
屋簷通風口

落葉喬木（夏季可
以遮陽，冬季可以
反射陽光至室內）

屋頂露天平台
（第二起居室）

阻擋夕陽西曬
的綠簾植物

利用木製底板
防止反射

為了在冬天可以享受陽光照射，在南側（正南方±15°）
設置較大的開口

相關連結▶009項目

024

最大程度地利用太陽能源

Point
- 想要善用太陽能源，最重要的是選對方位
- 有效收集陽光來進行蓄熱儲能，防止熱損失

太陽散發出的光（陽光）和熱，是取之不盡、用之不竭的。現在，透過被動式設計，有許多環保計畫已逐漸普及了，例如透過太陽能設備等。有效地將太陽能源轉換成住宅所需要的消耗能源，或者是在冬季時，充分地利用陽光蓄熱，來降低暖房的能源消耗。

無論是發電或蓄熱，想要充分地善用從太陽接收到的熱能（陽光），最重要的就是要做好方位的選擇（圖1）。此外，效率也會因為屋頂的斜度不同而有所差異（圖2）。

計畫要在冬季收集陽光時，最好把集熱板的方向設置在正南方往東、或西方約15°以內，此方向的集熱效果最佳（圖3）。

如果超過30°以上，集熱效果會大打折扣。再者，為了避免收集到的熱能產生熱損失，必須做好隔熱或蓄熱的措施。要把白天收集到的熱能，盡可能留存在室內，就必須同時進行「集熱＋隔熱＋蓄熱」的計畫，才有可能達到降低暖房能源消耗的效果。

在實際的計畫裡，很難只憑太陽能板、或集熱的效果就決定其設置的角度、方位，因為還要考量到內部空間、整體外觀的平衡感。所以在計畫的初期階段，應該先檢討收集太陽熱能的方法，然後再依照屋頂的形狀、方向，來決定太陽能板應該朝向哪個方位。只有透過這樣的步驟逐步進行的話，才能規劃出最適合的節能計畫。

雖然結論是如此，但是對傳統上總是偏好住宅要座北朝南的日本人來說，其實利用太陽能還稱不上是一個新的構想，但都還需要依據科學、技術再精進，才能進一步實現座北朝南的理想住宅。

此外，要留意的是，太陽能發電板若受到栽植樹木或周邊建築物的陰影遮蔽，發電效率就會大大地降低。所以在計畫的初期階段時，就應該先仔細地檢討周邊環境，如此一來才有辦法擬定出可最大程度利用太陽能源的計畫。

◎圖1　太陽能發電板的設置方向和效率

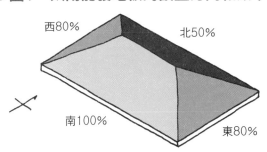

西80%　北50%

南100%　東80%

假設太陽能發電板朝向正南方的發電效率是100%，朝向東、西方的效率會變成80%，朝向北方的效率則會降低至50%。

◎圖2　太陽能發電板的設置角度和效率

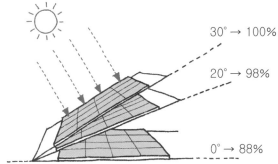

30° → 100%

20° → 98%

0° → 88%

比起水平面的角度設置，當太陽能發電板的傾斜角度為30°時，其效率最佳，假設此時的效率為100%的話，那麼設置成水平面角度時，效率就會變成88%。

◎圖3　太陽能發電板最有效的設置方位

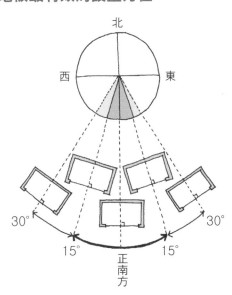

北

西　東

30°　30°

15°　15°

正南方

出處：「自立循環型住宅的設計指南」，
日本（財）建築環境・節能機構

照片1
窗戶周圍因陽光照射而變得溫暖

相關連結▸073項目

025

建築物的外牆就像 衣服一般具有多層結構

Point

• 具有環境調節功能的高效能外牆
• 外牆≠一層，外牆＝由數面機能各異的牆壁層層累積而成的

　　人類在熱的時候會脫衣服，遇到外面空氣變冷的時候，為了保持體溫不要降低而多穿幾件衣服。建築物的外牆也是，外牆等於是建築物的皮膚，具有多層不同功能的結構，建築物的外牆結構就像是人穿著衣服躲避風雨一樣，有時候會排出熱或水分，有時候還會進行保溫。

　　外牆的功能，除了可以應對戶外的風、溫溼度變化、噪音、視線等之外，也能應對建築物內部的生活行徑、或從人體散發出來的水蒸氣等[※]。總之，外牆應具備高效的功能，不但要阻擋雨水侵入室內，也要保護室內不被戶外環境變化所影響，並且還要能排出室內的水蒸氣，使室內保持舒適的溫熱環境。

　　外牆的基本結構是「內裝材料＋防潮層（防潮材料）＋隔熱材料＋防風層（透溼性＋防風性＋防水性：防水透氣膜）＋通風層＋外裝包覆材料」的結構。

　　就像人類穿著多件衣服來調節體溫一樣，外牆也有好幾層的構造，所以為了讓住宅可以保持舒適的溫熱環境，這裡的每一層構造都是缺一不可的。

　　在這些構造當中，最重要的是「防潮層」和「通風層」。「防潮層」是為了不讓水蒸氣侵入牆壁內，所以會盡可能設在最靠近室內側的位置，而且還會連續設置許多層。

　　另外，「通風層」是在牆壁底部設置的空氣入口，引進戶外空氣，透過自然風形成的室外壓力、或牆壁內的溫度差來促進通風。但是，若沒有空氣出口，氣流會停滯在牆壁內，無法發揮通風層的效用。所以通風的排出口會設置在牆壁的頂部、屋脊、閣樓或屋頂等部位，以利將熱空氣或溼氣排出牆壁外，這不但可以保持室內環境的舒適，還能夠避免牆壁內的結構材料發生腐蝕的情況。

原注：
※當家族成員有四個人時，每天的生活行徑、或從人體散發出來的水蒸氣，約有3～5公升左右。

◎圖1　多層結構的外牆
（上：屋頂隔熱＋地板下通風的情況，下：天花板隔熱＋基礎隔熱的情況）

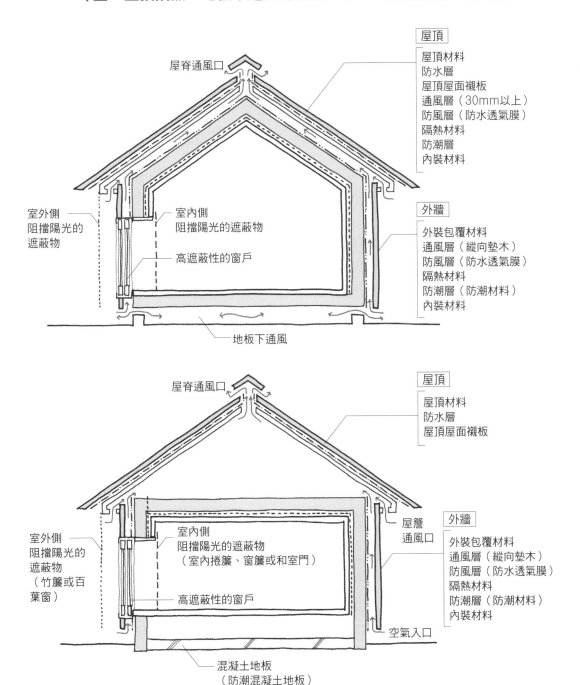

屋脊通風口

屋頂材料
防水層
屋頂屋面襯板
通風層（30mm以上）
防風層（防水透氣膜）
隔熱材料
防潮層
內裝材料

室外側
阻擋陽光的
遮蔽物

室內側
阻擋陽光的遮蔽物

高遮蔽性的窗戶

外牆

外裝包覆材料
通風層（縱向墊木）
防風層（防水透氣膜）
隔熱材料
防潮層（防潮材料）
內裝材料

地板下通風

屋脊通風口

屋頂
屋頂材料
防水層
屋頂屋面襯板

室外側
阻擋陽光的
遮蔽物
（竹簾或百
葉窗）

室內側
阻擋陽光的遮蔽物
（室內捲簾、窗簾或和室門）

高遮蔽性的窗戶

屋簷
通風口

外牆
外裝包覆材料
通風層（縱向墊木）
防風層（防水透氣膜）
隔熱材料
防潮層（防潮材料）
內裝材料

空氣入口

混凝土地板
（防潮混凝土地板）

出處：「自立循環型住宅的設計指南」，日本（財）建築環境・節能機構

雨水街,在流水和石橋的交會處栽植大樹。

雨水街,大樹的樹蔭如今已成為小攤販的據點了。

雨水街,和涼亭結合的長椅。

我們每天都可以看到有關環境保護的話題,社會上也成立了許多響應環保的企業。這些企業利用節能、雙層玻璃窗、隔熱、太陽能發電等節能補助的標語來吸引消費者,彷彿以為只要這樣就足以達到響應環保的目的了。日本為了能夠達到實質環境的改善,在一九九三年成立了環境基本法,一九九七年一百四十九個國家代表在京都制定《京都議定書》(全名為《聯合國氣候變遷綱要公約的京都議定書》,又名《京都協議書》),二○○二年日本簽署加入後,於二○○五年生效。這份議定書的目的在於宣導人類活動帶給環境的影響、以及減輕環境負擔的重要性。同時也提倡「樂活」(LOHAS,意指健康、永續的生活方式)的新生活態度。

其中最受矚目的是有關乾淨能源的問題。因為日本的氣候四季分明,所以建造住宅時的基本建築設計,必須能因應季節的變化才行。其中又以屋簷、通風的規劃較為重要,有良好的屋簷、通風計畫就可以創造出舒適的居住環境。為了使住宅達到舒適又響應環保的目的,提升技術是首要條件。簡單來說,對人類而言,環境就是住宅與街道,該如何才能長期維持良好的環境,其實就全取決於設計、及建造技術了。設計時,必須充分了解地點、地區環境、以及物理上的反應與變化,就連都市裡的一塊狹小的建築用地,也不應該放棄設計理念,只要謹慎地做好規劃與設計,就一定能夠創造出一個舒適的居住環境,因為只要有天空就一定可以看見太陽。

在近代的歷史上,人類為了解決環境上的問題,在生活與工作環境中發展出新一代的建築方式。這與空調設備的發達也有關係,房屋建材則使用鐵、玻璃、混凝土。像紐約的拉金(Larkin Building)大樓、俄羅斯的衛普里(Viipuri Library)圖書館、鹿特丹的范·尼奧(Van Nelle Factory)工廠、荷蘭的開放式學校、巴黎的勒·羅許—珍奈勒(Villa La Roche—Jeanneret)別墅、瑞士列蒙湖畔的迷你房(Petite Maison House)、北歐的瑪麗亞(Villa Mairea)別墅等,有諸多的例子可以提供參考。

我們可以從每個不同地區的生活中學習提升技術的方法。譬如說,在不同氣候環境的地表上,有溫熱環境中的住宅、乾燥地區用土磚建造的住宅、挖掘地面建造成洞穴般的居住環境、水上房屋住宅、地板架高的住宅(桿欄式建築)等,可以從這些方面著手學習。

從街屋中庭、小庭院當中,也可以獲得許多啟示。最常見的是昭和年間的房屋,在栽植四季花草的庭院和有窗簷的和室之間,架上棚架種植絲瓜,不但具有遮蔽夕陽的功能,還能形成一幅風景畫,從房間內透過窗戶往外看時,就能有接近大自然的感覺。

另外,譬如雨水街(浙江省溫州市楠溪江),在宋朝遺跡之一的石橋旁邊栽植大樹(榕樹)、設計四面有長椅的涼亭等配置,在這個人潮往來頻繁的交會地點,透過這些流水、綠樹、微風的點綴,就可以創造一個舒適自然的環境了。

未來我們也可以透過體驗不同的環境,來激發出更有創意又兼具環保的新構想。

4 環保的內部陳設和溫熱環境

026

人類行為與地板的關係

Point
- 舒適的地板生活
- 地板可以區隔空間，創造出特別的場所

地板生活

在日本的傳統住宅中，地板可以分成平面型地板（圖1）和架高型地板（圖2）兩種。近代以來，架高型地板（桿欄式建築）已成為建築的主流之一。架高型地板源自於東南亞，是高溫、潮溼、多雨的氣候環境下，最常見的建築形式。

這種進屋時脫鞋並且坐在地板上的生活型態，其魅力就在於可以自由地變化任何姿勢（圖3）。因為有時候會直接躺平在地板上，全身都會接觸到地板，所以最好選擇觸感佳、乾淨、好清理的地板材料或疊蓆（榻榻米），若還有調節溼氣和蓄熱功能更好。

地板創造出的空間

日本傳統住宅的地板，乍看之下好像只是排列著許多張疊蓆而已，看起來非常單調，但實際上那種排列方式，與人類因應環境所產生的行為有著密切的關係。

例如說，地板的平面構成可以分成隔間式和雁行式（圖4）兩種。隔間式就像一個「田」字一樣，將一整塊完整的地板以隔間材區隔成許多個小空間，每個空間之間還可以自由地開合，以因應日常生活、季節變化、以及每年的例行性活動等等。

另外，雁形式則是以室為單位，室與室之間互相錯開接，其中書院造建築[1]的雁形式，還可以融合周圍環境，創造出舒適、自然的居住空間。

再者，地板依高低差的不同也會帶來空間上的變化。傳統住宅會依身分或領域的不同，以些微的地板高低差表示地位的尊卑，就像門檻給人的心理暗示一樣。

但在現在的住宅當中，地板的用途與分配則是因應人類的行為而改變，一般都是以適當地區隔環境為目的。若再加上精心策畫的設備計畫，就可以實現舒適、環保的建築空間了（照片1、圖5）。

譯注：
1.一般的「書院」多是採每個房間獨立分開的設計，地板以塌塌米來鋪設成，室內壁龕旁側會有一個由室內突出於廊道的小凸窗。

◎圖1 豎穴式住宅

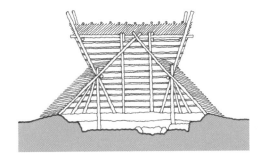

◎圖2 架高型住宅（桿欄式建築）

◎圖3 人類在地板上的姿勢

在地板上的姿勢，無論是最有禮貌的正座坐姿，或只是輕鬆地躺著，都不會受到限制。

◎圖4 地板的平面構成

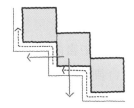 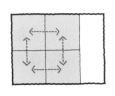

雁形式 **隔間式**

在日本傳統住宅中，有兩種截然不同的建築形式。以地板的連接方式來說，可分成往外擴展的雁形式、以及區隔內部的隔間式。

照片1
在地面挖掘、建造地下起居室，然後在地下起居室裡設置地暖系統。把這裡設計成可長時間停留的場所，如此一來，就可成為效率佳的暖房空間了。
（「Blue Box」設計：宮脇檀建築研究室）

◎圖5 依地板的高低不同區隔出空間

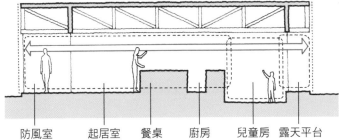

防風室　起居室　餐桌　廚房　兒童房　露天平台

在桁架結構的平頂天花板下，整間住宅雖然呈現套房式的空間，但如果將寢室和兒童房的地板高度降低的話，在視覺上就可以形成舒適、寬暢的私人空間了。
（桁架下的矩形設計：五十嵐淳建築設計）

027

舒適的隔間牆壁

Point
• 牆壁具有調節環境的作用
• 隔離環境的牆壁、以及與環境合為一體的牆壁

西方的牆壁與日本的牆壁

對西方人而言，牆壁是厚重又堅固的砌體結構。不過，因為日本住宅基本上都是採用榫接工法來建造隔間牆壁，所以日本人認為牆壁只不過是將薄板接合在柱子上的構造（圖1）而已。因為他們把柱子之間所使用的和室門或隔扇等建材，也當成是牆壁的一種，所以牆壁對他們來說，只是一個能把環境空間適當地區隔開的調整工具而已。

多功能的牆壁

但現代住宅的牆壁，無論是何種構造，都具有相當多的機能。因應必要，牆壁的厚度可同時具備防火、防煙、隔音、吸音、隔熱、防水、防磁、蓄熱等機能，曾幾何時，我們已經漸漸地受到西方文化的影響，開始追求牆壁的機能性了。從外界看來，前面所列的各項機能，雖然多是用來隔離房子與外界，但也可以同時把重點放在加強連接環境的互動上。

以「studio御殿山」（圖2）為例，在住宅的四周設置成收納、設備、用水空間（如廚房、浴室等用水的場所），再以匯集了各種機能做成的厚重牆壁把房屋圍起來。在具備機能性的牆壁當中，也適當地設置了開口部，以便採光和觀賞窗外風景。因為這些機能空間環繞在房屋的四周，使得屋內的主要空間變得寬廣，而且還能夠成為降低熱負荷的環保住宅。

「House N」（圖3）是採用了如同三層盒中盒一般的設計，製造出空間深度的同時，也能減輕室外氣候變化的影響，另外，還可以配合使用目的、時間來選擇活動場所，可說是展現了環保生活的住宅形態。

至於「My House」（圖5）則是盡可能地提升外圍性能，並在內部採用列柱式的設計把空間隔開，形成一個散熱障礙較少、舒適的流動空間。

◎圖1　區隔空間的牆壁構造

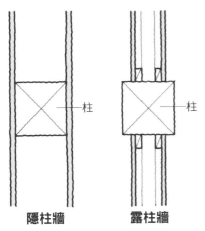

隱柱牆　　**露柱牆**

木造的框組壁工法做成的隔間牆壁，是表面上看不出來，但原則上是中空的構造。

◎圖2　多機能的牆壁

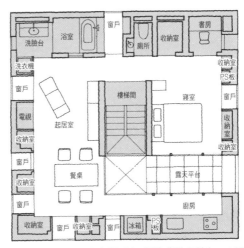

設置在四周的用水空間（如廚房或浴室等）、以及收納、配管等，形成具機能性的厚重牆壁，可以有效降低熱負荷。

（「studio御殿山」設計：千葉學建築計畫事務所）

◎圖3　盒中盒設計的構造

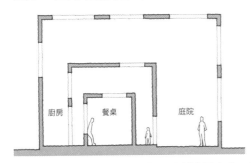

重疊好幾層的牆壁和屋頂，不但可以創造深度感，也能減輕室外氣候變化所帶來的影響。

（「House N」設計：藤本壯介建築設計事務所）

◎圖4　多重牆壁創造出的深度感

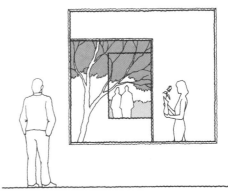

在多個牆壁的同一方位上開口，如設置窗戶，可帶來極為強烈的深度感，在心理上會產生接近戶外環境的錯覺。

◎圖5　以列柱區隔室內空間

以不同構造、功能的短柱排列，可將整個空間適當地區隔開來，而且也可以把收集陽光的地暖設備蓄熱體，設置成為列柱的一部分。

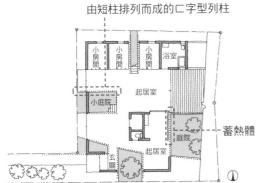

由短柱排列而成的ㄈ字型列柱

蓄熱體

028

覆蓋整體空間的天花板

Point

- 因天花板的變化衍生的環境行為
- 與環境息息相關、密不可分的天花板

人類行為與天花板之間的關係

現代日本人對天花板的認識，很意外地竟然比對住宅隔間的認識來得少。

天花板高度與天花板下所發生的行為之間，有著密不可分的關係，而這層關係的啟示正是源自於日本的茶室建築。茶室的空間分成「壁龕前客用的疊蓆」、「主人泡茶專用的疊蓆」、以及「客用出入口（躙口）」三個區域。這三個區域正是利用不同高度、形狀、材料的天花板，巧妙地區分出這三個區域的差異。

其中，由日本茶聖千利休[2]所建造的「待庵」，在移除所有的擺飾用品之後，空間僅有兩張疊蓆（榻榻米）的大小而已，在這個極小的空間內，結合了三種不同的天花板與人的行為，形成了三種不同的區域（圖1）。

現代因為推動無障礙空間，地面的高度多被要求必須均一化了，所以在居住環境中可呼應行為、活動的天花板，便可做為適當區隔空間的手法（圖2）。

將來也可以考慮因應不同的時間帶或季節與氣候的變化，透過天花板來提示該區域的環境行為，如此一來，就可以達到節能、環保住宅的理想了。

與空間息息相關的天花板

相反地，有時候天花板也有營造空間的效果。

例如位於日本靜岡縣「熱海的階梯狀房屋」（圖3），是特別配合土地坡度所建造的，前後共有三種不同的高低段差，但因為房屋整體只以一片大天花板（大屋頂）覆蓋，而整合成具有一體感的構造。

另外像「座南朝北的山坡地住宅」（圖4），最大的問題是朝北方的那一面在採光上相當不利。如果把天花板（屋頂）的傾斜度建造成跟山坡地一樣斜，就可營造成夏季可阻擋酷熱陽光、冬季可全天採光的室內環境。而且，空氣也能順著斜天花板產生對流，達到通風的效果。

譯注：
2.千利休（Sen No Rikyu，1522～1591年）為日本戰國時代安土桃山時期著名的茶道宗師，被日本人稱為茶聖。

◎圖1 「待庵」剖面透視圖

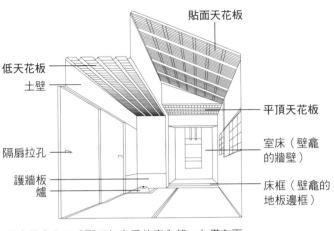

貼面天花板

低天花板
土壁

平頂天花板

隔扇拉孔

護牆板
爐

室床（壁龕的牆壁）

床框（壁龕的地板邊框）

從客用出入口（躙口）旁看待庵內部，在僅有兩張疊蓆（榻榻米）大小的空間裡，由三種不同的天花板區分出三個區域。

◎圖2 利用天花板來區隔空間

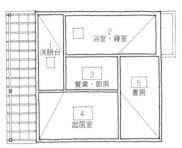

1 洗臉台
2 浴室・寢室
3 餐桌・廚房
4 起居室
5 書房

剖面圖
把整體空間視為一間大房間，因應人的行為利用斜天花板和垂壁，將空間劃分成五個區域。
（「House Asama」設計：Atelier Bow-Wow）

◎圖3 因天花板而將空間一體化

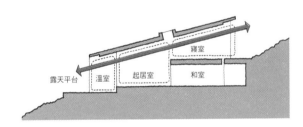

寢室
露天平台　溫室　起居室　和室

利用一片大屋頂把三個高低不同的區域串聯在一起，使空間呈一體化。因為斜屋頂是配合坡度來建造，所以要注意前後視野的可見度。
（「熱海的階梯狀房屋」：手塚建築研究所）

◎圖4 利用朝北的斜面來採光

朝北方的斜面因不利採光，透過沿著坡地斜度所建造的斜屋頂可解決採光問題。
（「座南朝北的山坡地住宅」設計：三分一博志建築設計事務所）

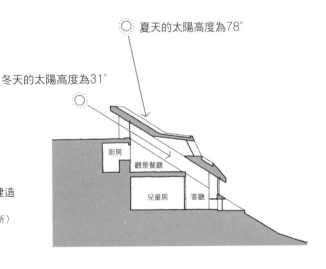

夏天的太陽高度為78°

冬天的太陽高度為31°

廚房
觀景餐廳

兒童房　客廳

029

窗邊的陳設

Point
- 將窗邊設置成室內特別的起居場所
- 在視線或採光上，把窗戶當成淨化隔離的濾紙

西方的窗戶與日本的窗戶

日語中まど（窗戶）的發音源自於「間（MA）戶（DO）」二字。「間戶」是指設置在柱子和柱子之間的建材。在原本開放的場所，設置木門（板戶）或格子門（格子戶）、和室門（障子）、隔扇門（襖）等建材，可以發揮像濾紙般的淨化隔離功能，調整與隔壁空間之間的連結。對照西方所說的窗戶（window），是指可穿透牆壁的「風穴」，在意義上有異曲同工之妙。

日本住宅是在大正時期以後，才把玻璃當成是主要建材使用。以往的傳統窗戶一直都是使用紙或木材等素材來製造，這種傳統式的窗戶不但可以留意到隔壁空間的動向，也能適當地把空間區隔開來。

窗戶是生活中必備的裝置

即使我們身處室內，透過窗戶也能欣賞到窗外的景色，或者可以觀察到風雨、氣溫、季節的變化，所以窗邊是最能夠感受到戶外環境的場所。所謂「窗邊」，是指窗戶表面的前後空間，是具有空間深度感的地方，或者也能視為是有窗戶的起居活動場所，這只是在空間定義上有些微不同而已。不要把窗邊空間單純地當成室內的「邊緣」，如果能夠善用窗邊，做為異於其他室內場所的空間來運用，會很不錯不是嗎？

在「BOX-A QUARTER CIRCLE」（照片1）的照片中，延著圓弧型的半腰窗邊設置窗台、桌子、暖氣機、收納空間、百葉窗等裝置。從窗戶可以看見樓下的天窗和盆栽，用來避免與隔壁鄰居直接對望的竹簾。室內的陳設布局經如此精心設計之後，窗邊就能成為生活起居的場所了。

窗戶的型式分成許多種，除了一般常見的半腰窗之外，還有設置在地面上，專門用來將室內垃圾、灰塵掃出室外的垃圾清除孔，或者是設置在牆壁上方或牆壁下方的通風窗等，這些窗戶都可以因應實際上的生活需求自由增設，這些不同機能的窗戶都是環保住宅不可或缺的裝置，可藉此誘導其他與環保相關的行為（照片2、圖1）。

◎ 窗邊的陳設

照片1
將生活機能匯集在窗邊。在開口部的裡、外側裝設各式各樣的設備，就能創造更多元化的窗邊生活空間。
（「BOX-A QUARTER CIRCLE」設計：宮脇檀建築研究室）

照片2
把窗邊當做生活起居的活動空間。在二樓起居室的窗邊陳設板狀的長凳，在房間內部設置照明或空調設備。
（「船橋BOX」設計：宮脇檀建築研究室）

◎ 圖1　窗邊的各種形態

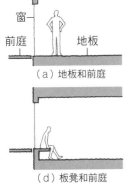

（a）地板和前庭

窗
前庭　　地板

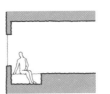

（b）固定式沙發

（c）下挖式地板

（d）板凳和前庭

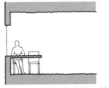

（e）把窗台當成桌子使用

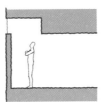

（f）挑高地板做成休閒空間（DEN）

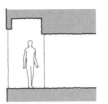

（g）地板和下方的通風窗

（h）上方的通風窗和挑高天花板

（i）通道和挑高天花板

透過開口部的尺寸或位置、地板和天花板的高度、沙發或桌子等固定式家具、戶外的前庭等設計，就可以把窗邊陳設成生活起居的活動場所了。

030

連接內外空間的緣廊

Point

- 緣廊是「外殼構造＝緩衝空間」
- 緣廊是「聯繫戶外環境的空間＝分層空間」

緣廊是建築物的外殼構造

「緣」是指外圍部分，具有「邊緣」或「邊框」的意思。因為日本原有傳統的木造房屋，是由木、紙、疊蓆（榻榻米）等建造而成，所以幾乎都設有緣廊或窗簷，做為防止風雨、或調整日照時間的緩衝空間（圖1）。

嚴格說來，緣廊在日常生活中，算是延續房間的一個空間，但在格局上並沒有特別限制，所以可以自由發揮，規劃成為「遊玩」或「休閒」的空間都行。

這個緩衝空間也會影響心理層面，讓人產生室內空間比實際面積寬廣的感覺，在房間邊緣設置開放空間不會讓空間變得零碎，反而可以為生活帶來安定與舒適的感受。

連接空間的橋樑

「緣」也具有「聯繫」、或「連接」等互相串聯的意思。以日本人的共識來說，雖然身處在室內空間裡，但透過緣廊來欣賞庭院的景觀，就彷彿置身在四季的環境當中，可以享受被大自然環繞的感覺（圖2）。

緣廊雖是位於防風雨擋板、或玻璃和室門內側的空間，卻是屬於戶外部分的設施，一般都不會設置天花板，屋簷內的構造多以原有的樣貌呈現。像這樣的半室外緣廊，能夠發揮像連接器一樣的功能，一方面在連接室內和庭院空間時，帶給視覺和心理的滿足感；另一方面當合上隔間門時，還能把空間區隔成各自獨立的房間。

現在的日本因人口過度集中，住宅土地狹小，所以很難維持以往設置緣廊的建築形態。不過，如果可以巧妙地利用緣廊，將「室內的外殼構造＝緩衝空間」、或「聯繫戶外環境的空間＝分層空間」等環境結構做些調整，就可以創造出更舒適的生活環境了。在現代的環保住宅設計中，已經有很多案例開始運用這點，逐步地實現環保建築的理想（圖3、圖4）。

◎圖1 季節和太陽高度

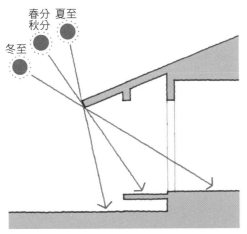

緣廊的屋簷深度很深，不但夏季期間可以遮陽，在冬季期間陽光也能照入屋內，是可因應季節來調整陽光照射的裝置。

◎圖2 透過緣廊所欣賞到的庭院景觀

開放式的緣廊，可以融合庭院和周圍景觀，與室內空間連接成一體。

◎圖3 在窗邊蓄熱的範例

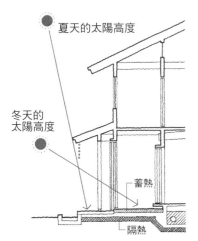

冬季陽光從開口部照入屋內，在緣廊的窗邊空間蓄熱。為了防止熱損失，地下要設置隔熱裝置。
（「Roadside Station Yaita Eco House」設計：FUKETA設計）

◎圖4 將緣廊當做熱空氣緩衝空間的範例

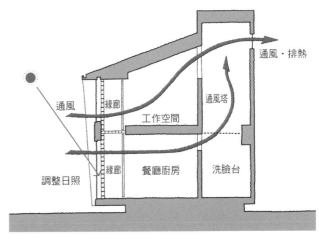

南側開口部內側的緣廊空間，可以規劃成停留時間較短的通路，同時也能當做熱空氣的緩衝空間，提升房間裡的舒適度。
（「LCCM（生命週期負碳）住宅實物宣傳」設計：小泉工作室）

031

天然實木家具①

Point
- 增添風采的嵌入式家具
- 了解天然實木的特性

與建築物一體化的嵌入式家具

日本的明治時代初期，西洋的建築師們對於日本住宅內竟然沒有家具這件事，感到非常驚訝。在日本的傳統住宅中，像壁櫥或架子等，都是與建築物一體化的嵌入式家具，因而形成開放感的空間。

在現代的住宅設計中，嵌入式家具也是能有效提升空間機能的手法。

適合環境的家具

這裡所舉的室內裝修例子，使用的自然素材和廚房家具大多是以日本境內的天然實木所製成。（照片1、2）

要盡量避免使用石化材料，而是採用充分吸收了二氧化碳的樹木加工成的實木指接板或實木集成材，做為家具的材料（照片3、4、5）。盡可能使用純實木指接板、或純實木集成材的原因，是因為加工時的電力消耗較少，可減少二氧化碳的排出量，廢棄後也能當做再生資源重新回收利用，就算最後不得不焚毀，純實木的材質也不會增加大氣中的二氧化碳含量。

另外，像疏伐材（為了林木生長品質而進行砍伐修剪掉的木材）、樹木的根底材切割後的端材、角材等，都應該視為材料來善加利用。

利用多片薄木板重疊所接合而成的合板，用途也相當多。不過，合板會產生沈澱物或加工面剝落等情況。由於這些不良情況會釋放出某些有害物質，讓人罹患病態建築物症候群，因此近年來群眾對於實木的關心也日益提高。

雖然天然實木相當適合我們的生活環境，但是要做成家具使用，仍必須充分了解實木的特性才行。組裝實木做的櫃子時，要符合木材彎曲和伸縮的構造特性，不然，萬一木材溼度改變出現伸縮時，櫃子與櫃子之間的接合處就會脫離，嚴重時還可能導致櫃子崩壞（照片6）。

◎實木家具

照片1
檜木實木的平台與實木家具。窗台使用檜木指接板。

照片2
以檜木集成材製成的櫃子和楓木門板。平台是以楓木指接板製成的。

照片3
杉木上有小節疤的指接板。

照片4
檜木上有小節疤的指接板。

照片5
檜木的疏伐集成材。

照片6
櫃子的詳細圖。若能符合實木的特性，即使櫃子的背板膨脹，也不會造成櫃子崩壞。

032

天然實木家具②

Point
- 注意材料的選擇、和各部位的特性
- 預想因溼度而變形的樣子

規劃各部位時，應該注意的重點

使用天然實木來製造家具時，無論是門、整體上的設計，大多數人通常都會在考量預算的平衡分配之下，傾向於樸實的設計或材料。

使用於門板的面材，有框型門板和平坦實木板兩種可以選擇。雖然以前的框型門板都是使用實木門製造而成，但照片中由三片門板構成的平面門（照片1、2），這樣的結構在抑制因伸縮或彎曲所造成的變形上，效果更好。

門板的材質可用梣木、櫻木（山櫻木）、檜木、杉木等。只要是含水率在10％以下的材質，都可以當成製造門板的材料。

至於製作櫃子的木材則可選用檜木疏伐集成材、有小節疤的檜木集成材、以及有小節疤的杉木集成材（前頁照片3、4、5）。

若是要用來要嵌入周邊牆壁的木材，就必須選用與櫃材一樣的天然實木，然後在現場調整尺寸進行施工。

像窗台等平台材料，若使用天然木的指接板或單一片木板，就足以讓整體的印象相當自然，並具有統一感。

與五金器具類的契合度

實木家具與使用合板的鑲板構造、MDF（中密度纖維板，Medium Density Fiberboard）或塑合板所製成的家具不同，因為實木具有伸縮性，會隨著溼度的不同，產生伸縮變化過大的問題。其中需要特別注意的是，當櫃材屬於具有伸縮性的集成材時，則滑軌的設置不能與該材料的伸縮方向平行。

最近，雖然已經有適用於實木伸縮特性的滑軌上市（照片4），但數量相當有限，所以只要不會造成使用上的障礙，也可以考慮搭配滑軌以外的五金家具來使用。

◎ 實木家具

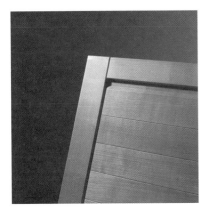

照片1
櫻木材質的框型門板。

照片2
檜木材質的三層門板。

照片3
統一使用實木家具。

照片4
實木材（集成材）櫃子的滑軌範例。在櫃子上設置的螺絲
孔較大，以便對滑軌進行微調。

033

透過隔間建材 調整環境①

Point
- 選擇適合自然環境的隔間建材
- 使用具彈性的隔間建材

與自然共存的居住環境

日本的吉田兼好[3]法師曾經在《徒然草》裡提到,「建造房屋時,應該建造適合夏天居住的房屋為主」。所以到目前為止,日本的房屋無論是室內、室外,都盡可能建造成開放空間。然後在建築物的周圍巧妙地配置前庭、中庭、小庭院、後院,並栽植四季的花草樹木、設置水池。透過這些規劃,除了可以享受四季變化的樂趣之外,同時也可以感受寒冷、炎熱等四季分明的生活(照片1)。

像這樣刻意設計成與自然共存的生態居住環境,可說是日本傳統住宅的特徵。

同時具有連接性、區隔性的隔間建材

隔間建材可分成區隔室內、室外空間的隔間建材、以及區隔室內空間的隔間建材兩種。上掀式的格子窗,是初期使用於區隔室內、室外空間的隔間建材之一(照片3)。

從日本的平安時代初期開始,上掀式的格子窗就被廣泛使用了。在白天掀開格子窗,便具有採光、通風、欣賞戶外風景的功能;當夜間或需要防風、防雨時,則可關上格子窗,保護室內不受戶外氣候的影響。到了平安時代末期,建築物的外圍開始改用和室門來區隔室內、室外空間(照片2)。在木框上貼上白紙的和室門,仍具有一定的透光性,所以在關閉時,光線一樣可透過和室門柔和地投射到室內,採光效果很好,算是當時劃時代的產品之一。

這些隔間建材遠在玻璃窗普及之前,就已經廣泛利用了。由於在區隔空間的同時,還能觀察到戶外環境的變化與動向,所以就這項功能而言,舊式的隔間建材與現代門窗是不相上下的。

另外,室內的隔間建材,自從平安時代末期出現主殿造建築[4]以來,就開始發展出像隔扇門(照片4)、木門(照片5)等隔間建材。

利用這些室內隔間建材,能使空間更具有彈性。打開時,空間也會隨之變大,而關閉時,也能把空間區隔成各別的小房間。

譯注:
3.吉田兼好(Yoshida Kenkou,1283~1358年)為日本南北朝時期(約中國元朝)的法師,文學造詣深厚,有著作《徒然草》,該書由雜感、評論、小故事等組成。
4.為簡化後的寢殿造建築構造,在中央正屋(寢殿)的兩側有東、西配屋,並以緣廊把它們聯繫起來。

◎ 傳統型隔間建材的演變

照片1
開放式的日本建築

照片2
和室門（蔀戶）

照片3
上掀式的格子窗（明障子）

照片4
隔扇門

照片5
木門

034

透過隔間建材
調整環境②

Point
- 可多樣變化的隔間建材
- 因應季節或環境來選用隔間建材

隔間建材的種類

拉門可分成雙滑門、單滑門、拉門、推門等，關於這些種類的選擇、以及開口部的寬度或高度設定，都與內部的機能和設計息息相關。

因此，挑選隔間建材時，最好是以空間的協調性為前提，選擇具有機能性和設計感的產品。

譬如有柔和採光的需求時，可選擇使用和室門（照片1）；希望和室房間內具有沈穩的感覺時，可選擇使用隔扇門（照片2）；希望看起來有點重量感時，選擇框門（照片3）；希望看起來能有輕盈感覺時，可選擇鑲板門（照片4），這些門的多樣性，可為空間帶來截然不同的感受。

隔間建材也要跟著換季

隔間建材也要隨著季節變化而改變。當天氣較為炎熱的時候，可將隔扇門或和室門更換成竹簾門（照片5）。然後在屋簷前端垂掛竹簾，在疊蓆（榻榻米）上鋪上竹席，這樣一來不但可以維持通風，還能使光線變得柔和。對季節感分明的日本來說，垂掛有竹簾的房間，不但是非常環保的陳設，也相當地具有夏日風情。不過，很可惜的是，如今已經很難看到昔日的光景了。

在以前優良的居住環境裡，其實有許多方法在現代看來，都非常適合用於減輕環境負荷，本書的宗旨之一就是要把這些辦法特別找出來，與大家一起分享。

因為近年來，民眾對於住宅的要求，大多偏向於有高氣密性、高隔熱性，但是，氣密性愈高的房屋，空氣就愈不容易流通，此時為了補償換氣或通風的不足，就必須依賴機器來促進換氣、通風，但是這樣一來，反而會與環保生活漸行漸遠。

在四季分明的日本氣候中，其實春天和秋天是不需要使用到冷暖氣的，如果可以彈性地善用隔間建材，不但可以創造出舒適的生活環境，也能夠實現環保住宅的理想。

◎ 因應季節或環境而改變的隔間建材

照片1
可柔和採光的和室門

照片2
具有沈穩感覺的隔扇門

照片3
看起來有點重量的框門

照片4
輕盈的鑲板門

照片5
清涼的竹簾門

035

氣密性與隔熱性
一樣重要

Point
- **氣密性愈高，就愈需要裝設通風裝置**

節能住宅除了注重隔熱性外，氣密性也相當重要。

如果氣密性低的話，室內的空氣就會流到外頭、外面的空氣也會流入室內，因此氣密性低的住宅幾乎是長時間處於室內空氣和戶外空氣不斷交替的狀態，在這種狀態之下，不管是開暖氣或冷氣，消耗的能源都非常地多，相當浪費。

就拿以前的木造住宅來說，將建築物整體的縫隙統計起來的話，大約有「十張明信片的厚度」。這個問題，在近年來已有解決之道了，因為鋁門窗開始普及，所以住宅的氣密性也跟著大大地提升了。

另外，依據最新的節約能源基準，寒冷地區的建築物總表面面積的每一平方公尺，其洩漏面積必須在「二平方公分以下」。

依這個標準算起來，以四十五坪左右的住宅來說，把建築物整體的空隙全部加起來，也不過約「八張明信片的厚度」而已。像這樣縫隙極小的建築物，我們稱為「高氣密住宅」或「超氣密住宅」。

具體來說，提升開口部的氣密性，就可以減少許多開冷氣時的熱損失，而且還能夠防止噪音、細砂或灰塵飛入。

不過，氣密性愈高，就愈需要裝設通風裝置，或者必須經常開窗來通風。

門窗的氣密性，可以透過計算從門窗縫隙流出多少的空氣（縫隙風）來測定。

日本JIS標準（日本工業規格，Japanese Industrial Standards）所定義的門窗氣密性等級分類，是以每平方公尺的每小時通風量來表示，等級愈小就代表縫隙風愈少[5]。

氣密性的等級從A-1～A-4，共分成四級。A-1（即120等級）代表室內門窗應有的氣密性，A-2（即30等級）、A-3（即8等級）是代表一般門窗，至於A-4（即2等級）則是代表可隔音、隔熱的門窗，氣密性最好（表2）。

譯注：
5.以台灣來說，氣密性應符合CNS（中華民國國家標準，Chinese National Standards），主要檢測標準有三種，氣密性、隔音性、水密性。其中，氣密性分為四級，120等級、30等級、8等級、2等級；隔音性能分為4級，25等級、30等級、35等級、40等級；水密性區分為五級，10kgf/m²、15kgf/m²、25kgf/m²、35kgf/m²、50kgf/m²。

◎表1　氣密性愈高時

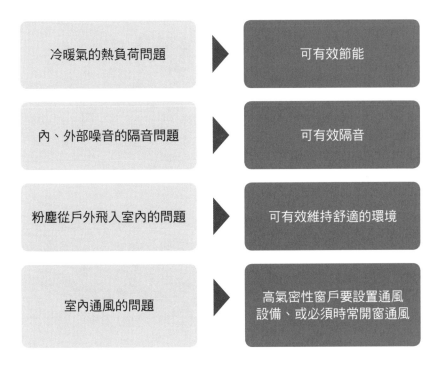

冷暖氣的熱負荷問題	▶ 可有效節能
內、外部噪音的隔音問題	▶ 可有效隔音
粉塵從戶外飛入室內的問題	▶ 可有效維持舒適的環境
室內通風的問題	▶ 高氣密性窗戶要設置通風設備、或必須時常開窗通風

◎表2　氣密性的等級和使用設備

等級	A-1 （即120等級）	A-2 （即30等級）	A-3 （即8等級）	A-4 （即2等級）
用途	需要保持通風的特殊空間			
		一般建築用		
			隔音・隔熱・防塵建築用	
門、窗的名稱	室內隔間等		普通門・窗	隔音門・窗 隔熱門・窗

89

036

善加活用天窗
（採光天窗）

Point

- 注意天窗設置的位置與大小
- 開關式的天窗，其通風機能相當卓越

　　天窗的採光效率是一般窗戶的三倍。如果是可開關式的天窗，與裝上一般窗戶的空間比較，通風效率可達到四倍。

　　天窗的設置對密集的住宅區來說，除了能增加採光的效果外，還能避免與隔壁鄰居的窗戶互相對望、以及窗外行人的視線。

　　另外，在無法對外採光且較容易呈現昏暗的走廊等場所設置天窗，白天就可以不必開燈照明，相當具有節能效益。但是，因為天窗容易結露、或發生冷擊現象（強烈的冷風吹入，使人體感到寒冷、不舒適的現象），所以天窗設置的尺寸、位置都要特別留意，尤其是天窗本身的隔熱性能更是重要。

　　在起居室設置天窗時，天窗的尺寸大小，大概可以製作成地板面積的10％～20％左右。天窗的窗框材質，有鋁製或鋼鐵製的天窗，也有木製和鋁製的複合窗等。至於產品的規格，除了能夠依照每棟建築物的規格來特別訂製的特製品外，也有制式的既成品。建議最好是選擇有明確標示隔熱性能、且

附有防雨板的既成品來使用會比較安心。玻璃則是建議選用雙層玻璃，或者是Low-E雙層玻璃（Low Emissivity Class，低放射雙層玻璃）。

　　設計住宅的天窗位置，大多會顧慮到實際使用的效果。像起居室要設置天窗時，通常都會設計在建築物南北方的中心線、在略偏南方一點的位置上，得到的採光效果會比設置在建築物正中央的採光效果好（圖1）。這種情況下，在內側加裝遮陽用的傾斜型百葉窗或室內捲簾等遮陽罩的話，還可有效達到遮陽的效果。

　　另外，當天窗設置在樓梯上方時，光線從上方投射下來，不但可以照亮整個樓梯間，在視覺上還可以帶來全新不同的感受（圖2）。

　　設置天窗時，因為與其他窗戶之間有高低差的關係，所以通風的時候容易產生煙囪效應，此時，若選擇使用具有開關機能的天窗，並詳細考慮其設置位置的話，就可以有效地利用煙囪效應，來提高通風效果了（圖3）。

◎圖1　採光天窗設置在建築物南北方的中心線略偏南方的位置

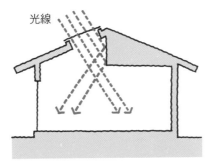

起居室設置天窗時，可設置在房間的中央。

◎圖2　在樓梯上方設置的採光天窗

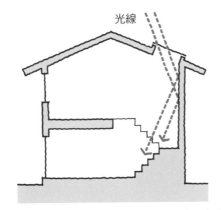

設置在樓梯上方、或樓梯井上方的天窗，效果都很好。

◎圖3　通風效果優良的開關式採光天窗

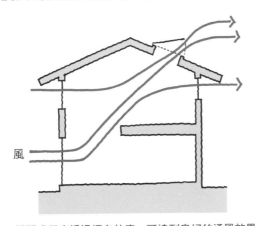

開關式天窗透過煙囪效應，可達到良好的通風效果。

相關連結▶020項目

037

各式各樣的環保玻璃

透天房屋在夏天時，會有許多熱能經由窗戶進入室內，包含陽光照射的熱能在內，總共約有71％的熱能是從窗戶進入；至於冬天時，則約有41％的熱能會經由窗戶流失。

窗戶是由「玻璃」和「窗框」所構成的，其中玻璃的種類非常多，依照玻璃種類的不同，在隔熱性能上也有相當大的差異（圖1）。

單層玻璃

單片玻璃與雙層玻璃相較，隔熱性能較差。

雙層玻璃（複層玻璃）

雙層玻璃是由兩片以上的玻璃所構成的，中間有一層中空層。中空層裡，如果填充乾燥空氣、氬氣或維持在真空狀態的話，可有效提升隔熱效果（表1）。

Low-E雙層玻璃

Low-E的E是Emissivity（放射率）的簡稱，Low-E是代表低放射率的意思。熱能會以傳導、對流、放射的形式來傳播，雙層玻璃的中空層可以防止熱能因傳導、對流而傳播，Low-E玻璃也具有抑制放射的功能。

Low-E玻璃貼有特殊金屬膜，不但可透光，而且還能反射陽光或暖房等紅外線，有過濾光線的性能。這個性能的「溫室效應」比普通玻璃來得高，具有大幅提升室內保溫的特性。

在Low-E雙層玻璃中，Low-E玻璃是裝設於室內側，以隔熱功能為主的玻璃，稱為「低放射雙層玻璃」（高隔熱型）。至於使用於室外側時，以遮熱功能為主的玻璃，則稱為「遮熱＋低放射雙層玻璃」（高遮熱、隔熱型）。

◎圖1 玻璃的種類

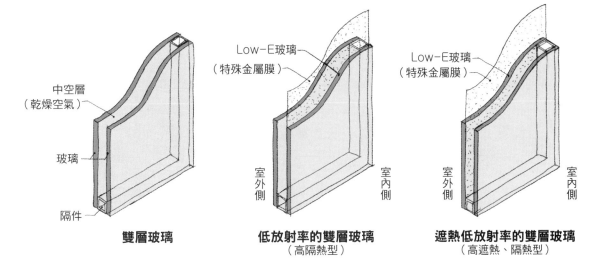

雙層玻璃 　　 低放射率的雙層玻璃
（高隔熱型）　　 遮熱低放射率的雙層玻璃
（高遮熱、隔熱型）

◎表1 玻璃的構成和熱傳透率

玻璃的構成	玻璃名稱 厚度（mm）和構成	熱傳透率 W/（m²·K）	0	1	2	3	4	5	6	7
單層玻璃	3	6.0								
	6	5.9								
雙層玻璃	12（3+A6+3）	3.4								
	18（3+A12+3）	2.9								
	18（6+A6+6）	3.3								
	24（6+A12+6）	2.9								
Low-E 雙層玻璃 （高隔熱型）	12（3+A6+③）	2.6								
	18（3+A12+③）	1.8								
Low-E 雙層玻璃 （高遮熱、隔熱型）	12（③+A6+3）	2.5								
	18（③+A12+3）	1.7								

備註：
1.○為玻璃名稱一欄，顯示圓圈數字符號的地方，是表示鍍有金屬膜的玻璃。
2.熱傳透率是指在地面、開口部、地面各部位中，當內外的溫度差為1K（克耳文）時，以瓦特來表示每1平方公尺面積中所傳透的熱量數值
　（W/（m²·K）。這個數值愈小，代表隔熱性能愈高，可有效發揮減輕暖房負荷的功效。

038

隔熱窗的種類
多不勝數

Point
- 選擇窗戶，最重要的是隔熱性、氣密性、和耐久性

鋁窗

鋁窗耐久性最佳，是現在最普及的窗框。

雖然搭配隔熱性佳的雙層玻璃窗，可以提升隔熱性能，但因為鋁材質本身具有高熱傳導率，為了補足這項缺點，在鋁窗中間會加入隔熱樹脂，所以鋁窗種類中也有使用樹脂的型材。

樹脂窗

樹脂窗主要是以氯乙烯樹脂為材料。

氯乙烯樹脂的熱傳導率比鋁的千分之一還低，因為不易導熱，所以最適合用於寒冷地帶。

若搭配Low-E雙層玻璃窗使用的話，可以更有效地提升隔熱效果。

另外，使用耐熱強化玻璃的樹脂窗也已經上市了。

木窗

熱傳導率比樹脂窗還低的，就是木窗了。

近年來，搭配使用具有多種開關機能的特殊五金器具或墊片，可以有效提升氣密性，不過防火性能不佳，而且價格偏高。

複合窗

複合窗是綜合了高隔熱性的樹脂窗、木窗、和耐久性優良、強度佳的鋁窗等優點，所製成的窗戶（圖1、2）。一般來說，有鋁＋木的組合、鋁＋樹脂的組合、鋁＋樹脂＋木的這三種類型。

外側是耐久性佳的鋁製，室內側是高隔熱性、且有設計感的木製或樹脂製。另外，也有建材隔間部分全部採用木製，然後只有窗框部分採用鋁＋木的規格。

◎圖1 隔熱窗的種類

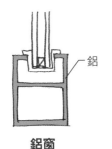

鋁窗
雙層玻璃窗規格的鋁窗。

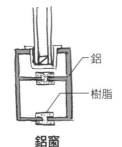

鋁窗
在鋁窗中間加入樹脂的
窗戶種類。

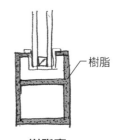

樹脂窗
窗戶整體都是以低熱傳導率的
樹脂製成的。

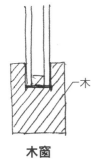

木窗
使用低熱傳導率的木材所
製成的高隔熱性木窗。

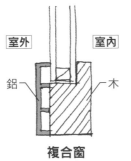

複合窗
鋁＋木

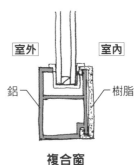

複合窗
鋁＋樹脂

◎圖2 主要國家的窗戶種類比例

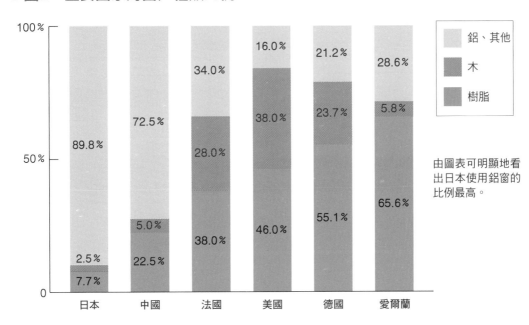

由圖表可明顯地看
出日本使用鋁窗的
比例最高。

圖例：
- 鋁、其他
- 木
- 樹脂

資料：
- 日本：89.8% / 2.5% / 7.7%
- 中國：72.5% / 5.0% / 22.5%
- 法國：34.0% / 28.0% / 38.0%
- 美國：16.0% / 38.0% / 46.0%
- 德國：21.2% / 23.7% / 55.1%
- 愛爾蘭：28.6% / 5.8% / 65.6%

039

活用木窗

Point
• 著重細節加工，提升氣密性能

近年來，在日本境內使用的窗戶材質比例中，鋁窗的占有比例將近90％左右。

不過，在四十～五十年前，日本的住宅開口部，就算說是幾乎全都使用門窗專家（專門製作門窗的工匠）所製造的木窗（建材）也不為過。

隨著時代潮流的進步，在不知不覺中，木窗已經漸漸地被氣密性佳，且不需維護、修繕的鋁窗所取代了。不過，一般人大多不太知道，其實門窗專家所製造的木窗，也可以利用墊片或五金器具來提升氣密性。只要在細節部分多下點工夫的話，木窗的性能就可以大大地提升，而且加工後的木窗性能，絲毫不比工業生產的金屬窗製品遜色。

關於細部加工的部分，有幾個重點需要特別注意。使用雙扇滑動窗時，要在窗框與窗扇前端的接觸部位、以及兩個窗扇之間的閉合部位加裝氣密墊片。

另外，因為窗戶關閉時需要上鎖，所以要裝設窗鎖。也可以使用木製建材用的月牙鎖（圖1）。還有，如果是推拉窗的話，要在窗框的四周圍裝設氣密墊片，再使用推窗把手（窗閂）來上鎖（圖2）。

木窗的觸感比任何材質的窗戶好，而且熱阻係數與金屬窗一樣，具有不會阻礙熱傳導的特徵。至於耐久性，在淋不到雨的地方可以保持原樣，就算會淋到雨，也只要定期塗上保護木材的塗料，就可以長期使用了，木窗其實不會比其他材質製成的窗戶來得差。

還有，木窗的材質是木材，所以很容易購買取得，而且可以自由地設計尺寸。使用木窗的好處是，廢棄時不會產生環境問題。不過，木窗並不是所有開口部都適用，某些開口部必須使用建築基準法上所規定的防火材質，這點需要特別注意才行。

◎圖1　雙扇滑動窗與氣密墊片詳細圖

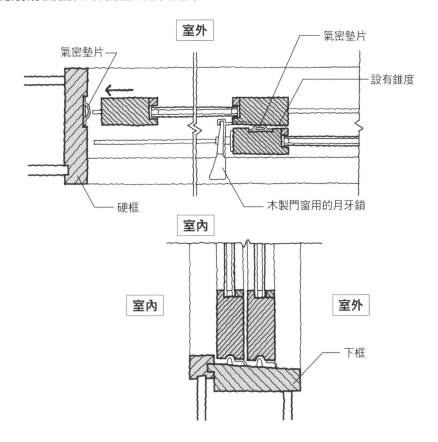

氣密墊片

室外

氣密墊片

設有錐度

硬框

木製門窗用的月牙鎖

室內

室內

室外

下框

◎圖2　單扇滑動窗與氣密墊片詳細圖

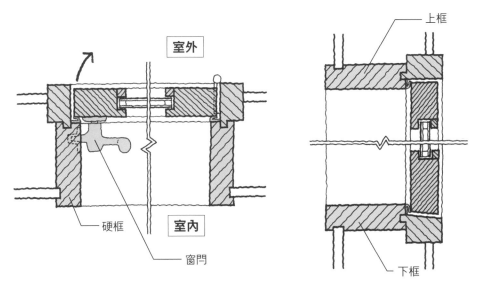

室外

上框

硬框

室內

窗門

下框

040

選擇隔熱材料

Point
- 掌握天然材質和化學材質的特徵
- 透過材料的選擇,可降低環境負荷

隔熱在環境建築設計上的地位,已變得相當重要,是影響建築物性能的主要因素之一。因為隔熱材料的選擇,不但會影響性能,對環境也會造成影響。

隔熱材料的種類和特徵

隔熱材料可以分成天然材質和化學材質兩種。天然材質的隔熱材料有羊毛、碳化軟木、纖維素纖維、木質纖維、紙漿等材質;化學材質的隔熱材料則有石棉、玻璃棉、泡棉、聚乙烯等材質。雖然說選擇隔熱材料時,必須先考慮隔熱性能、以及設置場所等條件後再做選擇。不過,實際上大部分都是以費用高低來決定的。各種不同的隔熱材料,其特徵彙整如表1。

因為天然材質的隔熱材料的熱傳導率,比化學材質的隔熱材料高,所以為了達到相同的隔熱性能,就必須增加隔熱材料的厚度才行。另外,在價格上也比較昂貴,所以一般而言,接受度偏低。不過,天然材質的隔熱材料生產時的能源消耗量非常低。因為素材是自然界形成的物質,所以廢棄時也不必擔心會有有毒氣體產生。因此,使用天然材質的隔熱材料才是最好的選擇。

至於在耐水性方面,則是天然材質的隔熱材料較佳。雖然說隔熱材料原本就是用含有許多空氣的素材所製成的,但因為自然材質的隔熱材料是以木、紙或羊毛等天然纖維所製造,纖維裡面的空氣含量更高,不但吸水力強,連排水性也很好,相當容易乾燥。

木造建築大多是使用疏伐材來建造的。因為是使用當地的材料,所以非常具有環保性。連隔熱材料也一樣。如果使用木質纖維的隔熱材料,不但可以有效利用疏伐材,對環保也相當有貢獻。

在環境建築的設計上,選擇隔熱材料時,建議應該要重新審視一下各方面的利與弊,盡可能選擇性能佳、對環保有益的材質,才可守護地球的環境(圖1)。

◎ 表1 隔熱材的種類和特徵

材質	產品名稱	熱傳導率（W/(m²·K)）	原材料	製造時的能源（kW/m³）	價格	耐水性	耐火性	其他
天然材質的隔熱材料（木質纖維）	碳化軟木	0.041	·軟木	90	14,000日圓／m²（@100）	吸、排水性強	——	——
	纖維素纖維	0.039	·紙漿·舊紙·硼酸	14	5,500日圓／m²（@100）※材料、工資	吸、排水性強	硼酸為耐火材料	印刷品的VOC不明
	羊毛	0.04	·羊毛·棉材的再利用（再生棉）	30	1,800日圓／m²（@100）	吸、排水性強	硼酸為耐火材料	最好是使用羊毛再利用品
	亞麻纖維	0.040	·亞麻	50	7,500日圓／m²（@100）	吸水性強		亞麻油用於塗料
	大麻纖維	0.045	·大麻草	——	1,750日圓／m²（@100）		防煙材料	大麻纖維
	水泥板	0.052～0.08	·木質纖維·水泥·石灰	560	4,500日圓（@100）	吸、排水性強	不燃材料	——
	紙漿隔熱材料	0.052	·木材紙漿	100	5,000日圓（@100）			注意勿潮溼
礦物化學材質的隔熱材料	玻璃棉	0.038	·矽砂·石灰石·長石·碳酸鈉·廢玻璃棉的再利用	100～700	640日圓／m²（@100）	透溼性高	——	——
	石棉	0.039	·玄武石·鋼鐵爐渣	100～700	700日圓／m²（@100）	透溼性高	耐火性大	——
	泡棉	0.023～0.025	·聚異氰酸酯·聚酯多元醇·發泡劑	1585	3,600日圓／m²（@100）	透溼係數低	需要做防火處理	易受白蟻蛀蝕
	發泡膠（保麗龍）	0.034～0.043	·聚苯乙烯·發泡劑	695	4,000日圓／m²（@100）	耐水性高	加入耐火材料	耐壓性
	酚醛發泡塑料	0.02～0.06	·酚醛樹脂·發泡劑	750	4,500日圓／m²（@100）	透溼性低		
	發泡聚乙烯（珍珠棉）	0.038～0.042	·聚乙烯·發泡材	——	3,200日圓／m²（@100）	透溼性低		

出處：「建築隔熱的意見」OHM社

◎ 圖1 隔熱材料的選擇順序

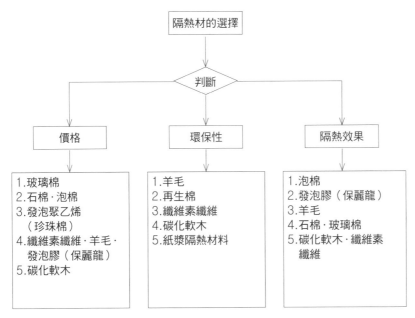

備註：
1.隔熱材料是從熱傳導率低的材料開始排列。
2.環保性也包含安全性。

041

外部隔熱工法既安全又安心

Point
- 可有效防止熱橋效應、和內部結露
- 施工費昂貴

　　對於會終年使用空調的建築物，實施外部隔熱是最為有效的。然後在室內側塗上如混凝土等熱容量大的材料，更可以降低空調負荷，有效達到節能的效果。

外部隔熱的設計

　　因為外部隔熱是把隔熱材料覆蓋在整個建築物的外側，所以比較不容易發生隔熱板缺損、或熱橋效應（因外牆與屋面等圍護結構的冷熱溫度差異過大，造成內部凝結水滴的現象）的狀況。還有，因為建築物的外側被隔熱材料完全覆蓋住了，所以也可藉此緩和建築物結構因陽光照射或輻射的影響所造成的疲勞現象。

　　實施外部隔熱，不但可以減輕空調負荷，還能夠延長建築物的使用年限、以及降低環境負荷。另外，適當地設置通風層，也能把室內的水蒸氣排出屋外。外部隔熱工法，可以把通風層設置在外牆構造中最靠近外側的部位，如此一來牆壁內部的水分可以順利的排出屋外。不過，相反地，若要把隔熱材設置在靠近外側部位的話，就必須克服幾個問題。無論是在防火、防雨、耐風的處理上，或是想要自行搭配材料、選擇施工方法時，都必須格外謹慎才行。尤其是RC造（鋼筋混凝土結構），更是要加倍留意（圖1）。

外部隔熱的施工

　　採用外部隔熱工法時，若沒有正確的施工方式，可能會造成內部結露等問題發生。所以防水透氣膜和防潮材料的設置位置，便顯得重要。

　　防水透氣膜要設置在通風層和隔熱材料的中間。除了具有防止戶外滲水和防風的功能外，也不會妨礙室內的水蒸氣排出屋外。還有，也可以防止隔熱材料直接曝露在戶外，避免隔熱材料受到水或風的侵襲。至於防潮材料則是要設置在室內側的內裝材料與隔熱材料的中間。防潮材料的功能是防止室內的水蒸氣滲入牆壁內。所以應該要盡量把防潮材料設置在靠近室內側的部分，防潮效果會比較好（圖2）。

◎圖1　外部隔熱的種類

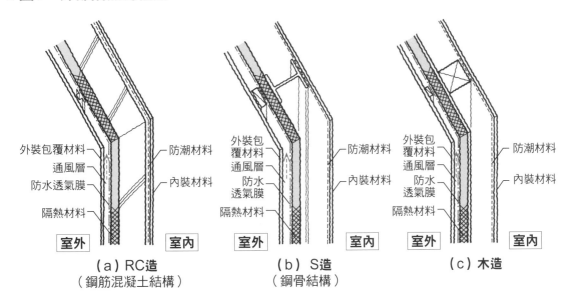

外裝包覆材料　通風層　防水透氣膜　隔熱材料　防潮材料　內裝材料　室外　室內

（a）RC造
（鋼筋混凝土結構）

外裝包覆材料　通風層　防水透氣膜　隔熱材料　防潮材料　內裝材料　室外　室內

（b）S造
（鋼骨結構）

外裝包覆材料　通風層　防水透氣膜　隔熱材料　防潮材料　內裝材料　室外　室內

（c）木造

因為隔熱材料是覆蓋整個建築物的外側，所以較容易確認隔熱材料是否有完全銜接密合，但因為牆壁有牆角、或開口部等不容易包覆的地方，所以應該注意的重點也不少。

◎圖2　外部隔熱和防潮材料的位置

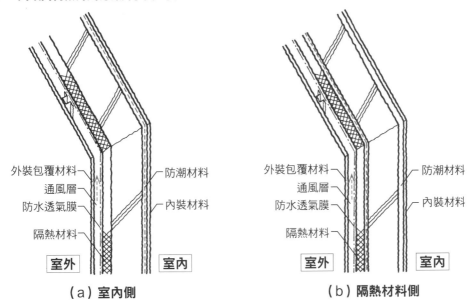

外裝包覆材料　通風層　防水透氣膜　隔熱材料　防潮材料　內裝材料　室外　室內

（a）室內側

外裝包覆材料　通風層　防水透氣膜　隔熱材料　防潮材料　內裝材料　室外　室內

（b）隔熱材料側

防潮材料可以防止室內的水蒸氣滲入牆壁內，所以建議最好像（a）一樣，盡量把防潮材料設置在靠近室內的地方。

042

內部隔熱工法是
最經濟實惠的隔熱法

Point
- 適用於空調開啟或關閉時的隔熱手法
- 必須使用防潮材料

在所有的工法當中，因為內部隔熱工法的設計自由度較高，所以是目前最普遍使用的工法之一，施工費也相當經濟實惠。

內部隔熱的設計

對終年都在使用空調的建築物而言，最有效的隔熱方式是外部隔熱工法，但對四季分明的日本來說，會終年使用空調的機會實在是微乎其微，一般都是使用變頻空調的方式，而且幾乎都是在使用的空間才會開啟。在這種情況下，應該要實施內部隔熱工法比較有利。因為實施內部隔熱工法可以有效降低各個室內蓄熱作用，快速調節溫度，讓空調設備所需的噸數可以減少。可說是能夠有效降低購置成本、運轉成本的環保建築工法了。而且，因為隔熱材料是施工於建築物的室內牆壁，所以無論是施工過程、或施工後的維護都非常地簡單容易。

不過，內部隔熱工法也有缺點。因為室內的水蒸氣會自然地往室外散發。

但外裝包覆材料是以不易釋放水蒸氣的材質所製成的，所以水蒸氣無法順利地蒸散到建築物外，而一旦水蒸氣殘留在牆壁內部便會造成結露現象，導致牆壁內部發霉或衍生白蟻。

內部隔熱的施工

內部隔熱工法的重點，除了防止水蒸氣侵入建築建材或隔熱材料外，還要對侵入內部的水蒸氣做散發處理。因此防潮材料的重要性是不容忽視的。使用透溼係數高的防潮材料，不但可以防止牆壁內部產生結露現象，還可以有效抑制濕氣滲透。另外，在寒冷的地區，即使使用性能良好的防潮材料，也必須設置兩層以上才足夠，為了使水蒸氣能夠順利地發散，通風層應留意設置在室外牆壁上。RC造建築的隔熱方式是在外牆到樑柱之間，保留約40公分的空隙，使其能夠發揮隔熱作用，這個方法對抑制內部結露非常有效。

◎圖1　內部隔熱的種類

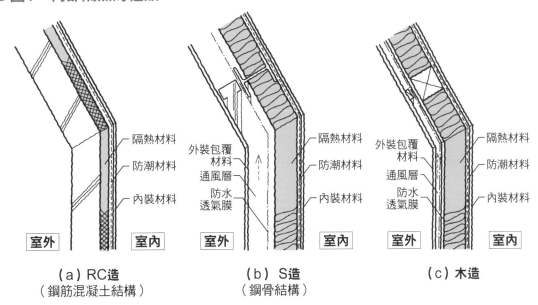

| 隔熱材料 |
| 防潮材料 |
| 內裝材料 |

室外　室內

（a）RC造
（鋼筋混凝土結構）

外裝包覆材料
通風層
防水透氣膜

隔熱材料
防潮材料
內裝材料

室外　室內

（b）S造
（鋼骨結構）

外裝包覆材料
通風層
防水透氣膜

隔熱材料
防潮材料
內裝材料

室外　室內

（c）木造

◎圖2　內部結露的發生

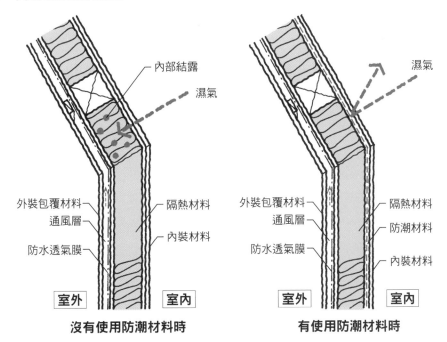

內部結露
濕氣

外裝包覆材料
通風層
防水透氣膜

隔熱材料
內裝材料

室外　室內

沒有使用防潮材料時

濕氣

外裝包覆材料
通風層
防水透氣膜

隔熱材料
防潮材料
內裝材料

室外　室內

有使用防潮材料時

當隔熱材料是以羊毛或纖維素纖維等材質所製成時，可以省略不必使用防潮材料（適用於日本關東以西的地區）。

043

中間隔熱工法是露面混凝土的特效藥

Point

- 中間隔熱工法可以保持建築物的設計感
- 透過中間隔熱工法提升露面混凝土的舒適度

一般而言，中間隔熱工法較少被採用，所以幾乎沒有實例。

中間隔熱的設計

日本經常採用具有高度設計感的露面混凝土設計。不過，因為採用露面混凝土設計時，都沒有使用隔熱材料，所以室內的溫熱環境會相當嚴苛。如果因此而裝設空調設備，不但設置成本高，連運轉成本也會跟著提升。剛開啟暖氣時，由於室內側的牆壁表面溫度較低，所以也容易產生表面結露的現象。

這種露面混凝土的環境，可以藉由實施中間隔熱工法來改善。這種工法就是將混凝土結構稍微加厚，然後在混凝土牆壁裡面設置隔熱材料。因為外觀上仍是露面混凝土的設計，不會破壞設計的外觀，所以在環境建築的設計上，是不可或缺的工法之一（圖2）。為了使中間隔熱工法可以適用於建築構造上，室外側的混凝土牆壁必須打造成結構牆，如此一來，內側的牆壁，除了可以做外觀設計的變化外，還可以當成蓄熱體，發揮調節室內溫度的功能（圖1）。

中間隔熱的施工

因為隔熱材料是設置在混凝土牆的牆壁裡面，所以不需要特別注意防火性能。但是，關於內部結露的現象就必須特別留意了。因為其他的隔熱工法都可以將內部的水蒸氣排出，唯獨採用中間隔熱工法時，水蒸氣是無法排出的。因為混凝土牆裡面經常會產生水蒸氣，而中間隔熱工法的隔熱材料又是設置在混凝土牆壁裡面，所以必須注意內部所產生的結露現象。總之，採用中間隔熱工法時，因為隔熱材料幾乎經常處於浸泡在露水中的狀態，所以選擇材料時，可以考慮選擇像發泡聚乙烯（珍珠棉）等，耐水性較強的材質。另外，為了防止隔熱材料滑動、移位或損壞，可以在隔熱材料的兩側添加隔件，然後施加相同力道的壓力把隔熱材料固定住，所以在施工上，混凝土要兩邊同時灌入才行。

◎圖1　中間隔熱工法

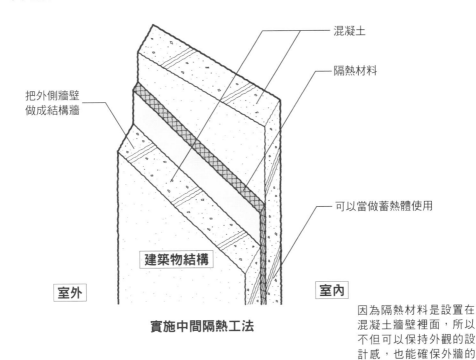

混凝土

隔熱材料

把外側牆壁
做成結構牆

可以當做蓄熱體使用

建築物結構

室外

室內

實施中間隔熱工法

因為隔熱材料是設置在
混凝土牆壁裡面，所以
不但可以保持外觀的設
計感，也能確保外牆的
隔熱性能。

◎圖2　中間隔熱工法的混凝土造

設計：中山繁信，攝影：栗原宏光

044

有效實施隔熱，杜絕結露現象

Point

- 防止結露現象
- 表面結露和內部結露

空氣中含有水蒸氣。水蒸氣的比例稱為相對溼度，這個相對溼度一般常用百分比來表示。另外，空氣中水蒸氣的重量，稱為絕對溼度。絕對溼度是表示一公斤的空氣裡面，所含有的水蒸氣重量。相對溼度會隨著空氣的溫度而變化，空氣的溫度愈高，水蒸氣含量就愈大。譬如說，一個箱子裡面除了空氣以外什麼都沒有，但若漸漸地降低溫度，箱子裡面就會開始產生水。在這個狀態下，箱子裡面的溫度就稱為露點溫度。因為已經達到露點溫度了，所以就會開始產生結露現象。因此，在環境建築的設計上，正是要防止這個結露現象的產生（圖1）。

表面結露和內部結露

在建築物的結構上，應該充分檢討關於表面結露和內部結露的問題。表面結露是產生在牆壁或窗戶的表面，這也是造成發霉的主要原因。至於內部結露則是在牆壁構造裡面產生了結露現象，平常從外觀上很難發現。內部結露不但會造成牆壁腐蝕，而且還會產生白蟻，後果相當嚴重。

防止結露現象

舉例來說，冬季期間的玻璃窗就經常產生表面結露的現象。玻璃窗因受到戶外冷空氣的影響，導致溫度降低，所以在玻璃窗室內側的表面一接觸到室內空氣時，就會產生結露現象（圖2）。

防止結露的方法之一，就是提高玻璃窗的隔熱性能。像雙層玻璃窗等窗戶，因為熱傳透率低，所以表面溫度很難降到室內空氣的露點溫度以下。如果再搭配使用隔熱窗框的話，就更能有效地防止表面結露。至於防止內部結露的方法，可以在內牆上設置防潮材料，然後再採用外部隔熱工法來提升隔熱性能，如此便能有效防止內部結露。總而言之，提升隔熱性能與防止結露之間的關係，是環環相扣、密不可分的。

◎圖1 以空氣線圖來表示空氣的狀態

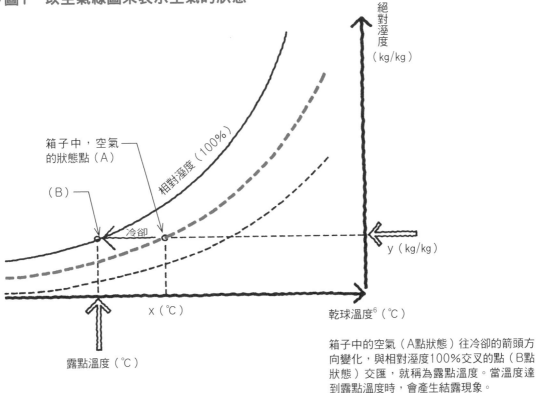

絕對溼度（kg/kg）

箱子中，空氣的狀態點（A）

（B）

相對溼度（100%）

冷卻

y（kg/kg）

x（℃）

乾球溫度[6]（℃）

露點溫度（℃）

箱子中的空氣（A點狀態）往冷卻的箭頭方向變化，與相對溼度100%交叉的點（B點狀態）交匯，就稱為露點溫度。當溫度達到露點溫度時，會產生結露現象。

◎圖2 冬季時，發生表面結露的狀態

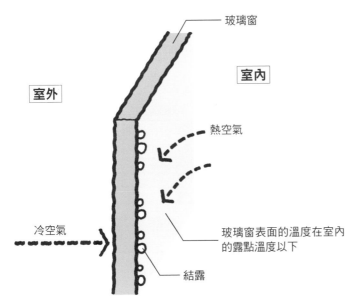

玻璃窗

室內

室外

熱空氣

冷空氣

玻璃窗表面的溫度在室內的露點溫度以下

結露

當玻璃窗的表面溫度，達到室內空氣的露點溫度以下時，室內空氣接觸到玻璃窗的表面就會產生結露現象。

譯注：
6.乾球溫度(dry bulb temperature)，指暴露於空氣中、但不受太陽直接照射的情況下，在乾球溫度表上所讀取的數值。

Column 街景與環境

整修前的成田山表參道店鋪。

整修後的新街景樣貌。

當我們配合環境建造建築物時，並不是只要通風效果好、又能響應環保就足夠了。有時候，建造的建築物對周邊環境的影響也很大。從這個意義來看，建築物的形態對街景是非常重要的因素。

以前的建築，有當時曾經風行一時的典型建築形態，只要恢復這種建築形態原有的樣貌，整個街景就會煥然一新。

假設有一戶人家，因為某些目的而建造了美輪美奐的建築物，但長期下來這棟建築物會在街景上顯得格格不入，換句話說，這棟美輪美奐的建築物其實對街道景觀並沒有任何貢獻。

這裡的兩張照片，可以比較如何營造街景，創造出舒適的街道景觀。

5 材料・施工方法・評估

045

使用木材引起的環境破壞與資源再生

Point

- 「吉爾迦美什」與「魔法公主」的寓意
- 規劃回收再利用的方式，彌補因採集木材所造成的森林破壞

「吉爾迦美什史詩」記載於美索不達米亞文明的石碑上，是世界上最古老的傳說。在西元前二六〇〇年左右的美索不達米亞古文明中，吉爾迦美什是蘇美文明早期王朝時代的國王，他與友人恩奇都一起打敗森林守護者芬巴巴後，便占領了森林。在當時，森林裡潛伏有許多猛獸和蠻族，是令人聞之色變的禁區，不過同時也是眾神棲息的聖地。另一方面，美索不達米亞的都市國家（古代希臘的城邦，稱為都市國家）烏魯克，因為人口不斷增加，所以城市規模也持續擴大。因此，為了建設更多的宮殿和寺廟、以及擴展農地，他們開始砍伐森林，大量燒磚與造船。

宮崎駿監督的動畫電影「魔法公主」，講述著野獸、精靈、山獸神棲息的森林，遭受人類侵略的故事。對日本來說，狼是以前日本人的信仰對象。因為狼能驅逐破壞田地的豬或鹿。但是，當槍砲取代了狼的功能後，人類便開始統治森林了。

摩亨佐達羅是西元前二三〇〇年左右，位於巴基斯坦南部、印度河右岸的繁榮都市國家，人口大約有三～四萬人左右。當時的摩亨佐達羅已經規劃出居住地、下水道、道路等公共設施了。對都市來說，開墾森林、供給木材不但能擴大農作地，同時也能用木材燒磚來興建各種設施，就算有這兩項優點，開墾森林的結果還是會造成環境上的失衡。

日本從聖德太子（日本飛鳥時代的明君）的時代開始，便持續不斷地大量伐木、破壞森林。從西元六〇一年聖德太子建立斑鳩宮以來，便不斷地遷都，一直到西元七〇一年，定都於平城京（位於奈良市西郊）為止，總共反覆遷都約十次以上。每次遷都時，都會消耗相當大量的木材，今日在奈良仍可看到當日伐採木材所留下的痕跡。而其中，在藤原京（位於奈良縣橿原市）所使用的木材，被發現在平城京有回收再利用的使用痕跡。

◎ 歷史上環境破壞與回收再利用同時存在

1.

以吉爾迦美什史詩為基礎所編製的畫本。

2.

在「魔法公主」的故事中，森林的守護神一到夜晚就會化身為巨人。

3.

摩亨佐達羅的遺跡。遺跡中的燒磚是砍伐森林的木材所燒製成的。

4.

因多次遷都，導致奈良的山呈現光禿禿的景象。

5.

藤原京復元模型的照片。在藤原京使用的木材，被回收再利用於平城京。

046

大自然環境中的天然建築材料

Point

• 天然材料經過加工就是最佳的環保建材
• 將天然材料混合或合成後,可當成建築材料使用

建築材料的種類繁多,大致上可分成兩種。一種是以大自然中的植物、礦物等為原料所製成的天然材料;另一種是像樹脂、透過科學方法生成的材料。

在建築材料中,木材是樑、柱的主要材料、也是最具代表性的建材。木材的種類大致可區分成杉木或松木等針葉樹種、以及櫸木或山毛櫸木之類的闊葉樹種兩大類。木材的運用,可隨著種類與用途的不同而改變,除了可以製成柱子之類的結構材料外,也能製造板材來使用。

至於竹子,則是在茅草屋頂的主建物、土壁的根基、和圍籬上被廣泛使用。雖然在中國、台灣等國家,現在仍有使用竹子製成臨時支架的例子,但在日本,竹子的用途與用量都已大幅減少了。不過,由於竹子具有生長快速的優點,所以近年來在環保材料上,又重新受到市場的矚目。

另外,茅草自古以來就經常被當成屋頂的材料來使用,因為茅草使用後可以回收,做為田地肥料等再次利用,可說在生活中扮演著相當重要的角色,只是近年來幾乎已經沒有使用茅草的例子了。此外,疊蓆(榻榻米)的主要材料藺草,也是一種容易取得的建築材料。

將這些天然素材直接加工,便可製成許多建築材料,譬如,使用一部分的化學混合劑與天然材料混合,可混合出混凝土;或者從天然素材中提煉原料,然後經過混合、溶解,可製成玻璃。一般所稱的混凝土,便是用水泥和混合劑將砂子或礫石、水等混合而成的材料。

另外,玻璃的主要原料是矽砂,若混合二氧化矽和氧化鈉、氧化鈣、氧化磷之類的金屬化合物,經過高溫加熱使其溶化,冷卻之後就能製成玻璃了。使用過的玻璃,經過粉碎處理成碎玻璃後,也能回收再利用。

◎ 大自然環境中的天然建築材料

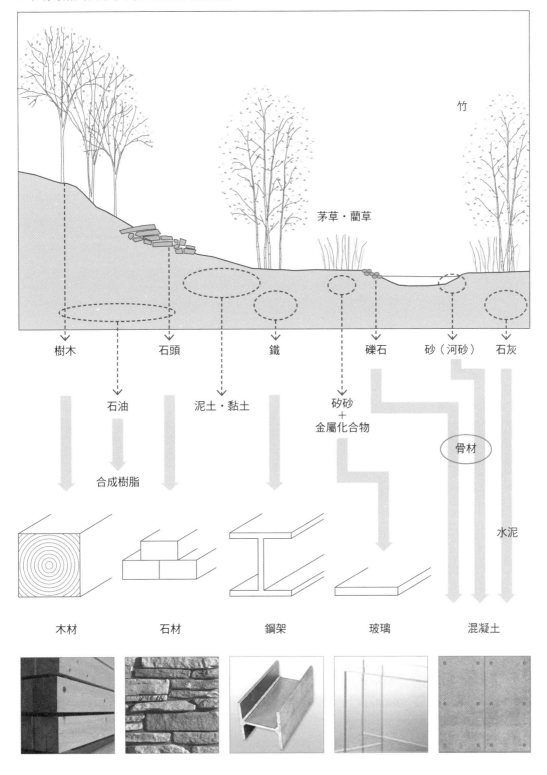

竹

茅草・藺草

樹木　　　　　　石頭　　　　　　　鐵　　　　　　礫石　　　砂（河砂）　　石灰

石油　　　　泥土・黏土　　　　　矽砂
　　　　　　　　　　　　　　　　　＋
　　　　　　　　　　　　　　　金屬化合物

骨材

合成樹脂

水泥

木材　　　　　　石材　　　　　　鋼架　　　　　玻璃　　　　　　混凝土

047

生態環境材料的四大重點

Point
• 環境材料→對生態環境友善的建築材料
• 有效活用有限資源，並使用可改善環境的材料

近年來，具有優良機能、特性，且注重環境保護的建築材料稱為「生態環境材料」，是結合生態和材料的統稱。生態環境材料的特徵可分成四大重點，如下：

① 低資源消耗的材料

地球的天然資源並非取之不盡、用之不竭。我們現在所處的時代，已經不得不去思考，該如何有效活用這些有限的天然資源。將資源回收再生利用（recycle）所生成的材料稱為再生材。而再重複利用（reuse）處理、修補過的東西做成的材料稱為再利用材。另外，很難進行回收再生利用、再重複利用的廢棄物、或是其他被丟棄的材料，在焚燒時都會產生熱能源，若是把這些熱能源透過熱回收（Thermal Recycle）加以收集利用，還可以減緩能源的消耗。

② 低環境負荷的材料

是指製品的生產過程中不會消耗電力、瓦斯、石油等的能源，而且在整個製程中，也不會排出汙染環境的物質，或是可以適當處理好排出的廢液等。像這種可以低環境負荷的製程生產的材料，未來應該更積極地加以開發。

③ 可持續使用的材料

是指日常生活中所使用的產品，應多多利用像竹、麻之類生長速度快、且循環性佳的材料來製造。

此外，因為這類的生質材料屬於有機資源的一種，並不是耗竭性資源，所以近年來也相當受到矚目。

④容易廢棄處理的材料

這裡指的是當材料使用完畢後，是否可以經過循環再回到生態系中。例如，現在已經開發出生分解性塑膠（可被微生物分解的塑膠）、或混合肥料（堆肥化）等。

①低資源消耗的材料

- ·回收再生利用（再生材）、再利用材（重複利用）。
- ·熱回收（Thermal Recycle）。
- ·不含微量金屬的材料等。

例：為保護環境，以廢棄的黃豆和舊報紙做為原料再生製造板材（environ）。

②低環境負荷的材料

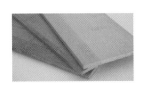

- ·製造過程不消耗能源。
- ·不排出環境污染物質的材料等。

例：晶鑽塑土（水晶泥）是用廢棄玻璃和黏土，以低溫燒製而成的材料。

③可持續使用的材料

- ·成長性、循環性佳的材料。
- ·生質材料等。

例：竹集成材（neowood）是以生長快速的竹子壓製而成。

④容易廢棄處理的材料

- ·生分解性材料。
- ·熱回收（Thermal Recycle）。
- ·混合肥料（有機肥料）等。

例：以生物可分解塑膠、茶渣等廢棄材料、和生物可分解樹脂混合而成的素材。

048

從五個領域中找出 生態環境材料

Point
• 尋找可回歸土壤、非耗竭性資源的材料
• 找到可回收再利用的方式、方法

就現況而言,生態環境材料的開發目前還是很新的課題,現有具代表性的生態環境材料,可以歸納為下列五個領域:

① 生質材料

生質材料是指以非耗竭性資源的生物所生成的有機原料。因為容易被微生物分解,所以不需費事處理,就能夠回歸土壤,如果能充分善用廢棄的部分,還能夠抑制資源的消耗。

例如,利用榨葵花油後剩下的殘渣,熱壓成型製成黏合板,或是壓縮穀殼製成纖維杯(環保杯)等,都是目前正在開發的項目。

② 合成樹脂

合成樹脂產品主要是將材料回收再利用後所製成的產品。像安全地墊、或涼鞋,是將廢棄的輪胎回收再利用所製成的產品。還有像PVC(聚氯乙烯)硬質板、或再生HDPE(高密度聚乙烯)板,都是利用寶特瓶、或聚乙烯產品再生製造的板材。

③ 玻璃、石塊、金屬

碎玻璃是將玻璃做再生利用,這是從以前就有的生態環境材料。另外,也有將螢光管再次熔解,回收再利用製成玻璃瓦的方式。

④ 紡織品

最近,增加了許多利用羊毛或寶特瓶等再生製造的PET(苯二甲酸酯) 再生纖維商品。另外,使用棉紗廠生產時剩餘的零料氈製品,製造成再生氈製品,或者裁剪舊衣服,製造成再生泡棉後當做建築的隔熱材使用。

⑤ 紙

從開始推動環保活動起,再生紙是最早普及化的生態環境材料。以再生紙製成影印用紙、和信紙信封,是最具代表性的例子。另外, 像是生長快速、且非耗竭性資源的麻、或香蕉樹的葉子,也都是重要的生態環境材料,可以製成薄紙等。

①生質材料方面

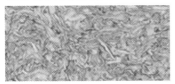

黏合板 Dakota Burl
利用榨葵花油後所剩下的殘渣,熱壓成型的板材。

纖維杯(環保杯)
利用穀殼等未利用資源,製成生物可分解的杯子。

杉板
將許多杉木薄片重疊並加壓成型後,加工製成板材。

②合成樹脂方面

安全地墊
將輪胎粉碎後,回收再利用製成地墊。

塑膠蜂巢板
使用塑膠製成蜂巢狀的板子。

再生HDPE(高密度聚乙烯)板
將聚乙烯產品回收再利用製成的板材。

③玻璃、石塊、金屬方面

碎玻璃
將玻璃破碎後的「玻璃屑」。

再製品 relight
將螢光管等回收再利用,製成玻璃瓦。

發泡鋁材
用鋁製作的發泡材料。

④紡織品方面

PET再生纖維
以PET瓶再生製造的纖維。

再生氈製品
利用棉紗廠生產時剩餘的零料氈,製造成的再生氈製品。

竹纖維無紡布
使用生長快速的竹子和毛料所製成的布。

⑤紙的方面

再生瓦楞紙
將紙箱等回收再利用,製成再生瓦楞紙。

彩樂板　Tectan
將紙盒等回收再利用,當做素材製成彩樂板。

薄紙
以香蕉、麻、桑樹、紅色氧化鐵等製成的紙。

049

建築材料的再生利用

Point
- 創造建築材料的循環系統
- 把新合成建材變成分離式建材的構造

以往的建築材料大多是由木材或竹子、土壤或茅草等天然素材所製成，所以很容易回歸大自然。使用後還可當做燃料、堆肥。這些過程可以串連成一個循環系統。就像玻璃一樣，當製造成分是來自於大自然、而且生成又容易的話，這種材料就比較好進行再生利用。

不過，最近出現很多複合材料的新建材，在建築材料中，複合材料的比例幾乎已經占了全部。舉例來說，有利用緩衝橡膠將合板和飾面材料貼合在一起的複合板材、用紙包覆石膏所製成的石膏板，還有將纖維附著於做為基材的橡膠布上所製成的方塊地毯等，例子相當地多。但是，這些例子大都是使用接著劑，將合成樹脂或乙烯基製品貼合在一起的產品，若要進行分離、或分解處理的話，從成本或工時方面來看，還是相當不符合效益。今後，為了讓建築材料可再生利用，思考如何設計出容易分離

處理的構造，是絕對必要的。

混凝土是將礫石、砂混合在骨材與水泥中，然後再使用混合劑混製而成。雖然也有將混凝土粉碎做為再生骨材，製成鋪裝材料再生利用的例子，但因為成本問題，所以再生率很低。另外，混凝土可以灌注在鋼筋的結構材中，製成牆壁或地板，要將這兩種材料分開的話，並不太容易辦到。近期的將來，那些在高度成長期大量使用混凝土的建築物壽命即將到期，屆時必定會產生大量的廢材，這是相當令人擔心的問題。

雖然鋼骨等的鋼材、鋁、銅等金屬，幾乎都可以再生利用，但是因為要從建築部位分離的作業相當不容易，大多數都是直接報廢，不再回收使用。而經常當做住宅隔熱材料使用的聚苯乙烯泡棉等發泡材或玻璃棉，同樣也是在拆除建築物時很難將這些材料分離出來，所以幾乎也都沒有回收再利用。

◎ 建築材料回收再利用的現況和課題

（1）混凝土	現狀：	當做再生骨材來製成鋪裝材料或混合成地基材料、石塊等再生品。但是，仍尚未找出最有效的活用方法。
	課題：	在建築材料裡，有金屬材料、或以樹脂黏合金屬的複合材料，但在這些項當中，有些都相當花費成本。
（2）鋼材、金屬	現狀：	銅、鐵、鋁、鋅等元素，幾乎都可以進行回收再利用。
	課題：	在建築材料裡，有金屬材料、或以樹脂黏合金屬的複合材料，但在這些項目當中，有些相當地花費成本。
（3）木材	現狀：	柱子、樑等可以回收再利用。其他的材料也很容易回收再利用。
	課題：	雖然可簡易地當成燃料資源，但因為在解體時已經黏合了其他材料，所以大多數都是直接廢棄。當做建築材料的木材，因為大多會經過塗裝，所以燃燒時會產生有害物質，這點必須特別注意。還有，像鋪裝材料等，大多是用樹脂來合成緩衝材的複合材料或複合飾面材料，要進行分離處理再利用並不容易。
（4）石膏板	現狀：	雖然將飾面材料的紙撕開，與石膏分離後，可以當做熱石膏再次回收利用，但這項作業幾乎都無人執行。
	課題：	石膏板大多在拆除建築物時，都一起被粉碎廢棄了。在拆除有石膏板的工作現場，為了避免粉塵過多，有時會灑水抑制粉塵，而石膏板吸收了水分之後，幾乎就不會拿來使用了。
（5）壁紙材料	現狀：	壁紙大部分都是乙烯基壁紙，很難進行氯乙烯材料與紙的分離作業，所以不容易進行再生利用。但也有將壁紙直接粉碎後再次利用的案例。
	課題：	因為以往的乙烯基壁紙在燃燒時會釋放戴奧辛，所以大多是直接廢棄。但近年來使用的壁紙已改善許多了。另外，因為在日本的住宅或高級公寓裡，大多將石膏板和壁紙合併使用，所以最好是能建立回收再利用的系統。
（6）合成樹脂、塑膠	現狀：	目前進行回收的方式有，物料再循環（溶解後變成樹脂再生利用）、熱回收（燃燒當做熱能源使用）、化學式回收（利用觸媒或熱來分解，使其變成化學原料後再利用）。
	課題：	有許多都是複合材料或混合物的產品，而且樹脂、塑膠本身的種類也很多，同樣地，要進行分離處理來回收利用並不容易，需要花費相當大的成本。
（7）玻璃	現狀：	一般玻璃幾乎都會回收再利用。以碎玻璃最具代表性。
	課題：	像玻璃瓶等工業產品的回收系統都已採取自動化的作業了，但當做建築材料的玻璃回收系統尚未建構完成，現在的狀況都是在拆除建築物時，被混合在廢棄物裡一併丟棄。
（8）地磚、陶製品	現狀：	幾乎是沒有執行回收再利用。
	課題：	現在的情況是幾乎沒有執行回收再利用。陶製品只要不破，基本上不太會劣化，所以只要以鹽酸浸泡，並靜置一段時間後，就可以洗淨污垢，回收再利用了。
（9）窯業製品	現狀：	幾乎是沒有執行回收再利用。
	課題：	在國外，有將使用過的磚塊進行削整後再次使用的案例，在日本也是，以前也有屋頂方面的專家，把古瓦片進行削整後再次利用。
（10）玻璃棉	現狀：	玻璃棉、聚苯乙烯泡棉幾乎沒有回收再利用。
	課題：	當做建築材料使用的玻璃棉、聚苯乙烯泡棉等隔熱材料，在拆除建築物時很難進行分離處理，所以幾乎沒有回收再利用。

050

地球環境與森林資源

Point
- 森林資源應以全球規模積極推動
- 在日常生活中就要意識到森林可吸收的二氧化碳量

全球的森林面積約有39.5億公頃，占全部陸地面積約30.2％左右。據說森林的面積每年約減少731萬公頃（二〇〇〇年～二〇〇五年的平均值），尤其以南美洲、非洲、東南亞等區域的熱帶雨林減少得最為明顯（圖1）。以國別來看，森林面積減少最多的國家是巴西與印尼，這兩個國家的熱帶雨林正逐年持續遞減當中。另一方面，像中國等國家的溫帶雨林面積，則有增加的傾向，被認為是過去為了抑制沙漠化或洪水等問題，不斷地推動綠化而出現的成果。可是，全球森林面積減少仍是一個嚴峻、且刻不容緩的問題，應該以全球規模積極地推動綠化、增加森林資源才行。

在日本，森林的覆蓋率約為64％左右，是世界上數一數二具有豐富森林資源的國家。在日本的廣大森林裡，可當做木材利用的人造森林約占40％左右、天然森林也是占了將近40％左右，剩下的20％則是原始森林。天然森林和原始森林的不同在於，天然森林就像鄉下隨處可見的森林一樣，雖然有遭受人為砍伐的破壞，但憑藉著自然的生命力，仍然維持森林樣貌的森林；至於原始森林，雖然也是屬於天然森林的一種，但特指尚未受到人為破壞的森林。不過，近年來因林業逐漸低迷，森林也漸漸地無法繼續被好好地維護。被放棄管理的森林，因為沒有適當地進行間拔疏苗，所以細枝部分過度密集。當承受不了風雪的摧殘時，便會造成山崩。像這種具有危險性的山林地，正在逐漸增加中。

森林的貢獻是相當大的。因為樹木進行光合作用時，不但可以吸收二氧化碳，還可以將碳素固定在樹體內。森林裡，除了樹體可以固定碳素之外，土壤也可以固定大量的碳素。森林不僅能孕育出各式各樣的生態系，還能抑制地球暖化，減緩氣候變動對地球造成的影響（圖2）。

為了讓地球不要繼續暖化，除了應以全球規模思考森林的平衡，在日常生活中，也要時時有這樣的意識才行。

◎圖1 全球森林面積的覆蓋率變化

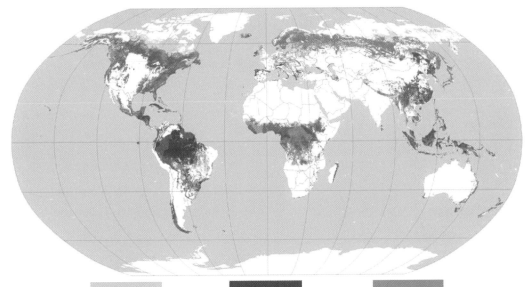

每一平方公里
減少超過0.5%

每一平方公里
增加超過0.5%

每一平方公里
增減在0.5%以下

統計年：2000年～2005年

出處：日本國土地理院（主要是負責測繪日本國土的工作）、 日本千葉大學千葉遙測研究中心、ISCGM事務局

◎圖2 杉木的二氧化碳吸收量

23顆

160顆
0.2公頃

460顆
0.5公頃

可吸收

可吸收

可吸收

一人呼吸的排放量

每個人的呼吸每年約有320kg
二氧化碳排出。

一台自小客車
氣體排放量

一台自用小客車每年約有
2,300kg的二氧化碳排出。

使用電、瓦斯等的排放量

從一台自用小客車、廢棄物排出
的二氧化碳

每戶人家每年約有6,500kg的
二氧化碳從自用小客車、廢棄物
排出。

出處：以日本岐阜縣試算出的結果

051

森林的再資源化與創造地產地銷的系統

Point
- 棄置人造林會形成不良木材惡性循環
- 建立地產地銷系統，可使森林再資源化

森林的再資源化

日本的森林覆蓋率（森林面積除以國土面積）約64％左右，雖然是世界上少數擁有豐富森林資源的國家，但由日本境內森林供給的國產木材，比例卻不超過20％。從國外輸入的木材（進口木材）比例大約有80％左右，其中由美國和加拿大兩國輸入的木材比例，共占了總輸入量的20％左右，而從森林面積遞減的東南亞所輸入的木材，約占12.2％左右，此外，也有從南美洲輸入的木材（圖1）。雖然在日本境內的森林中，有40％屬於人造森林，但被棄置的森林正逐年增加。例如日本國內的杉木材，每一平方公尺的市場價格跌到將近一萬日圓左右。但是要維持一平方公尺的杉木森林所需的花費，在市場上至少要以一萬數千日圓的價格販賣才划算，所以以現在的市場價格來講，已經不足以供應人造森林的維護、及管理費用了。因此，才會導致被棄置的森林愈來愈多。因為比起維護國內的森林，還不如直接從國外進口木材更划算，而且價格也更便宜。想要推動森林的再資源化，就必須先恢復國產木材的價值才行。被棄置的人造森林，只會造成不良木材的惡性循環。因此，種植做為建築材料用的樹木、和施行國家級的政策，是相當急切的。

創造地產地銷的系統

要充分執行森林的維護管理，將砍伐後的樹木製成木材、提供給國內使用，為了創造產銷的循環系統，就必須建立橫向串聯的系統。以前，曾經因為知道豐富的森林資源，對鄰近海洋中魚、貝類等的生長有很大的影響，所以在維護管理上，也會有漁業的相關人員參與。最近這種林海相依橫向連結的組合方式，又再一次出現。而且，在每個地區，都可以這樣嘗試地產地銷的系統，藉以改善森林的維護管理問題。

◎圖1　日本的木材（木料）產地別與供給量（以圓木頭換算）

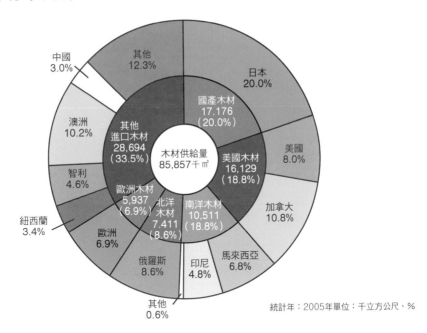

中國
3.0%

其他
12.3%

日本
20.0%

國產木材
17,176
（20.0%）

澳洲
10.2%

其他
進口木材
28,694
（33.5%）

木材供給量
85,857千㎥

美國
8.0%

智利
4.6%

歐洲木材
5,937
（6.9%）

美國木材
16,129
（18.8%）

北洋
木材
7,411
（8.6%）

南洋木材
10,511
（18.8%）

加拿大
10.8%

紐西蘭
3.4%

歐洲
6.9%

俄羅斯
8.6%

印尼
4.8%

馬來西亞
6.8%

其他
0.6%

統計年：2005年單位：千立方公尺、%

◎圖2　申請「木材運輸過程的二氧化碳排放量」鑑定的過程

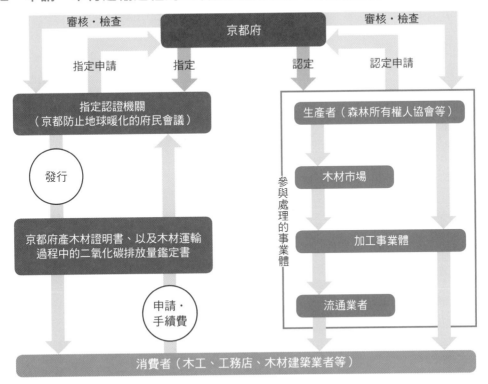

京都府與NPO法人（非營利組織）的地球溫暖化防止活動推廣中心，共同推動京都府木材認證制度，發行當地木材的證明書與木材運輸過程中的二氧化碳排放量鑑定書，促進消費者活用當地的木材。

052

木材總運輸距離（木材里程）

Point
- 以木材平均運輸距離劃分木材供應的差異化
- 木材運輸過程排放的二氧化碳量可做為評估

木材的「地產地銷」概念

木材總運輸距離（木材里程）是二〇〇一年左右，由日本創始的概念和指標。

當報紙的專欄版中，介紹「食物總運輸距離（食物里程）」時，有許多讀者紛紛反應「木材的輸入才是真正的大問題」，因此，當時被任命為森林總合研究所理事的藤原氏，接受了廣大民眾的意見，發表了「木材總運輸距離（木材里程）」的概念。

實際運用這個指標的團體是木材平均運輸距離研究會。經歷日本岐阜縣立森林文化學院木造建築工作室做的事例研究、於二〇〇三年六月成立啟動，進行訂立指標、使用工具的規範、以及促進普及活動和資訊收集等工作。

日本以木材總運輸距離為開端，同時也推動了木材的「地產地銷」概念。由此概念所產生的指標，可說是為了清楚劃分木材供應的特異性而誕生的。

平均運輸距離／總運輸距離／運輸過程的二氧化碳排放量

「木材的平均運輸距離（每一公里）」是計算住宅或木製品單體運輸距離的指標。將這個指標乘以運輸距離（公里）所得的值，便是「木材總運輸距離（立方公尺・公里）」。由此可以得知木材的消耗狀況為何，做為一種參考指標來使用。

圖1是採取「木材總運輸距離（立方公尺・公里）」的公式，比較木材輸入量較多的日本、美國、德國等三國。由圖可知，比起其他國家，日本的木材來源距離是當中最遠的。

接著，也要考量到「利用什麼交通工具運輸」，將運輸過程消耗的能源換算成二氧化碳後，就是「木材運輸過程中的二氧化碳排放量」，可以用來比較木材在運輸過程當中二氧化碳排放量的差異（圖2）。

◎圖1　日本、美國、歐洲的木材輸入量與木材總運輸距離（木材里程）

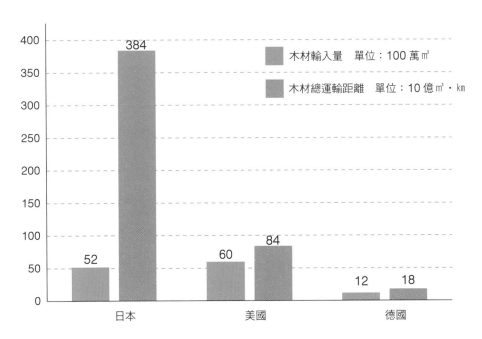

出處：藤原敬，木材平均運輸距離研究會（二○○四年），依據「木材平均運輸距離概論」製成的圖表

採用「木材總運輸距離（$m^3 \cdot km$）」，比較木材輸入量較多的日本、美國、德國三國。由此圖可知，日本木材的來源距離是當中最遠的，日本的木材總運輸距離（木材里程）是美國的4.5倍，德國的21倍。

◎圖2　木材運輸過程中的二氧化碳排放量比較

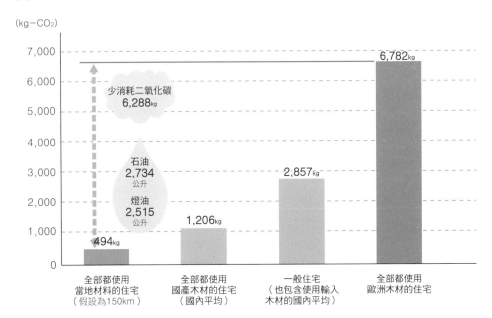

出處：日本木材平均運輸距離研究會

053

環保標章制度

Point
- 因應社會需求，各式各樣的環保標章制度正式上路
- 建立各業界具有共識的制度

社會上的需求

環保標章制度是指對環境保護、減少環境負荷的有益商品或事物，貼上標章的制度。

雖然在建材方面，日本已實施了JIS與JAS（農林物資規格化及品質表示標準法，Japanese Agricultural Standard）規定、以及各種標章制度，但為了朝向環保建築的方向發展，實現永續發展的社會，目前最迫切需要、且不可或缺的是推動專業化的環保標章制度、以及普及環保意識。

在國際標準化機構的規格ISO 14020裡環保標章，以及宣言、一般原則，共分成三種，如表1所示。

環保標章的現況

建築與建材相關的環保標章如表2所整理出的。

橫軸的評價分類是依照材料或設備的「單體」項目來進行分類，其中也有依照建築物全體的「整體」項目來進行分類的部分。在「單體」項目方面，雖然目前已經規定有各式各樣的環保標章了，但因其目的或評價方法皆各有所異，而且實際上建材、設備的登記數量也尚未齊全，所以依目前的狀況來說，都還是不能使用在住宅設計的狀態。現在最重要的是，必須設計一套完善的制度，設法將「單體」項目的環保標章規定籌備齊全，藉此提升「整體」項目評價的精確度。

至於縱軸的評價，則是依照「定量化」或「定性化」來分類。因為定量化的評價，是採用生命週期評估（LCA）的方法，將製造建材→輸送→販賣→使用→廢棄→再利用等的環境負荷，先數據化後再予以評估，所以基準可說是非常地清楚明瞭。只是，進行這樣的檢驗需要耗費相當大的勞力，所以也有難以普及推動的一面。另外，定性化的評價，有許多都是根據獨有的概念來進行評估的，所以實際上還有不少的疑問點存在。

◎ 表1　ISO規格的環保標章

ISO名稱與編號	特徵	內容
第1類 （ISO 14024）	透過第三者認證的環保標章	・由第三機關實施執行。 ・由實施機關規定產品分類和判斷基準。 ・因應業主的申請，給予環保標章的使用權。
第2類 （ISO 14021）	由業主自主發表的環保宣言	・評估對自家公司基準的合適度，對市場提出改善產品環境的主張。 ・適用於宣傳廣告。 ・由所有製造業者、輸入業者、物流業者、零售業者，或其他可由環境主張而獲利者提出。
第3類 （ISO 14025）	標示出產品對環境負荷的定量化資訊	・不判斷合不合格。 ・只標示定量化的環境資訊。 ・由消費者自行判斷。

出處：以（財）日本規格協會的資料為基礎，所編製而成的內容

◎ 表2　日本建築設計相關的環保標章一覽表

出處：東京建築士會環境委員LWG編製

	建材、設備機器等、單體的評價			建築物整體的評價
利用LAC的評估方法，執行定量化的計算（數據化）	**A類型**			**B類型**
	Eco leaf（生態環保標）	CO₂ 碳足跡標示制度		LCCM LCCM住宅（生命週期負碳住宅）
	C類型			**D類型**
	多功能的標章			CASBEE（建築環境效能總和評估系統）★★★★★
以一定的考量為基礎進行認定（概念）	環保標章	e e 節能標章		
	森林、木材的特定標章			自立循環型住宅
	FSC（木材認證制度）	PEFC（森林驗證認可計畫）	SGEC事業認證標章	
	FIPC（森林產品鑑定提倡委員會）	國際永續林木標章	3.9 GREENSTYLE 使用木材的活動	環境共生住宅
	goho WOOD 合法木材認證標章			住宅節能標章
	建材、設備機器的特定標章			
	環保玻璃	省能源建材的等級區分標章	節湯A 節湯B 節湯AB 機器的節水標章	次世代節能基準
	木板的環保標章（木板可回收標章）	濕度調節標章	F☆☆☆☆ 日本JIS認證製品	
	B-bs（Better living for better society）認證	TOTO GREEN（有效運用水資源的技術標誌）	eco Asahi Tostem建材的環保標章	

選擇的基準
・關於單體的標章，在此彙整出有登錄實績的建材、設備機器。
・關於企業獨有的標章，以現況而言，只登錄目前可掌握的項目，後續再依續新增。
・在木材的相關標章中，精簡了日本的都道府縣或地方公共團體所制定的項目。

127

054

木材是最環保的材料

Point

· 二氧化碳排放量比 RC 造或 S 造少的建築工法
· 多以木材為建築材料，可以促使大自然的資源更加豐富

環保建築也要講究工法。在建築構造上，主要的工法有木造、鋼骨造（S造）、鋼筋混凝土造（RC造）等。由於RC造的耐久性與耐火性比木造好，所以使用壽命較長。而S造的鋼骨因為可以回收再利用，所以還是具有一些優點的（表1）。

當計畫採用木造、S造、或RC造工法來建築時，可以運用表2的內容來試算二氧化碳的排放量（CASBEE，建築環境效能總和評估系統）。由此表可以得知還是木造的好處較多。因為不論怎麼說，森林存在的主要使命就是要將二氧化碳固定化。

另外，為了促使森林活性化，就必須對森林進行伐採跡地更新造林的計畫。實施這項計畫，最有效的方法就是多多使用木材，來促進木材的再生循環，以此達到更新造林的效果。如此一來，從資源豐富的森林中得到的好處，就不只是木材而已，還能夠得到二氧化碳固定化與氧氣供給的好處。對環保建築來說，木造工法對木材的再生產相當有幫助，可以促使大自然的資源更加豐富。

雖然鐵可以再利用，但為了再利用，必須消耗相當大的能源。RC造的水泥是由石灰所製造的。因為採石場的環境會嚴重破壞大自然，所以應該盡量避免使用會消耗大量能源所製成的水泥。

目前，木材生產地已經漸漸面臨枯竭的狀態。山裡大多只剩枯萎的樹木而已，呈現出被廢置的狀態。為了可以促進二氧化碳的固定化，應在木材生產地推動綠化運動。除了定期進行植林、除草、伐採、剪枝、疏伐之外，還要大力擴展木材的使用。木材不只可用來建造住宅的主要構造，也能廣泛使用於內裝材料或家具上。所以，只要增加木材的使用量，就可以幫助森林恢復活力，這樣山才會復活。一旦山復活了，才能代表大自然是真正地復活了。

◎ 表1　各種材料製造時的能源與二氧化碳排放量

材料	製造時的能源（MJ/m^3）	二氧化碳排放量（Kg-CO$_2$/m^3）
自然乾燥材	725	54.67
人工乾燥材	3,136	363.43
人工乾燥防腐處理木材	4,426	494.74
鋼材	266,000	19,506.67
回收再利用的鋼材	191,500	14,043.33
鋁材	1,100,000	80,666.67
回收再利用的鋁材	577,550	4,235.000
混凝土	4,800	440.00

單位：MJ 百萬焦耳
m^3 立方公尺
kg 公斤
CO$_2$ 二氧化碳

◎ 表2　建築時的二氧化碳排放量

		第3級	第4級	結構・地基壽命
工法	木造	8,915	4,457	2,972
	S造	15,051	7,526	5,018
	RC造	16,831	8,415	5,611
結構・地基壽命		30年	60年	90年
基準		符合CASBEE基準中，「3-1 劣化對策等級（建築物結構體等）」等級1的條件。	符合CASBEE基準中，「3-1 劣化對策等級（建築物結構體等）」等級2的條件。	符合CASBEE基準中，「3-1 劣化對策等級（建築物結構體等）」等級3的條件。
計算二氧化碳的條件		結構・地基壽命30年	結構・地基壽命60年	結構・地基壽命90年

單位：Kg-CO$_2$／年m^3
出處：CASBEE日本建築環境效能總和評估系統（獨棟住宅）

木造的優點，並非只有建築時二氧化碳排放量少而已，在使用木材的同時，森林也會因此被充分管理，這對二氧化碳的固定化相當有助益。就結果而言，也能藉此促進森林的活性化。

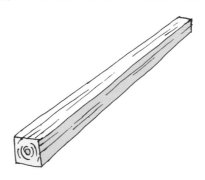

055

多加善用國產木材

Point
- 使用運輸能源消耗較少的當地木材
- 盡量採自然乾燥，若必須用人工乾燥，應使用生質能源

木造建築的好處，就是在建築時二氧化碳的排放量相當地少。而且廢棄時，二氧化碳的排放量也不多。不過，以日本的現況來看，木材大多是進口木材，花費的運輸費用相當龐大。要減少運輸能源排放的二氧化碳，最好的方法就是使用國產木材。

日本境內的林業受到進口木材的影響，景氣已經相當低迷。因為從國外進口的木材，即使加上運輸能源的費用還是相當便宜，所以建築工地大多是使用進口木材。為了達到環保建築的理想，應該多多使用國產木材，最好是採用地產地銷的方式。因此，建造木造建築時，要選擇距離建築工地最近的木材來使用，才是最環保的方法。

木材可以將二氧化碳固定化，即使燃燒時會釋放出二氧化碳，也會再次被木材吸收，形成碳中和的效果。另外，要乾燥木材時，應該盡量避免採用人工乾燥的方式，最好是採用自然乾燥，才不會造成環境負荷（圖1）。自然乾燥的好處很多，例如自然乾燥的針不會生鏽，因為PH值為中性。除此之外，自然乾燥還能夠使內部徹底乾燥，具有很多人工乾燥所沒有的優點。就各方面來說，還是不需使用人工能源的自然乾燥法最佳。

如果有必要進行人工乾燥時，生產現場最好是使用生質能源（圖2）。鋸木廠會產生許多木屑。如果可以利用這些木屑做為鍋爐的熱源，就能減少人工乾燥法所排放的二氧化碳排出量。雖然鍋爐用石化燃料處理起來很容易，但若改用生質能源來進行乾燥處理，卻可以大量減少二氧化碳的排放量。

因此，關於從建築工地到鋸木廠的木材乾燥過程，最好是在下訂時，就特別把要求標示出來。可以在圖面上標示木材的乾燥方法、需要國產木材，至於乾燥過程也要標示出採用自然乾燥或註明進行人工乾燥時應使用生質能源等要求。

◎圖1　木材的LCCO₂比較

CO₂ 消耗量 (t-CO₂/t)

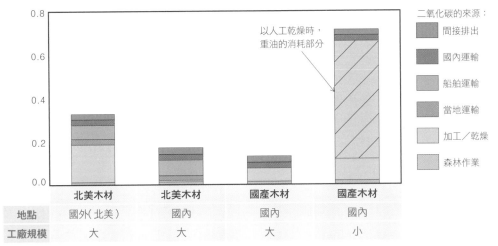

二氧化碳的來源：
- 間接排出
- 國內運輸
- 船舶運輸
- 當地運輸
- 加工／乾燥
- 森林作業

以人工乾燥時，重油的消耗部分

地點	國外（北美）	國內	國內	國內
	北美木材	北美木材	國產木材	國產木材
工廠規模	大	大	大	小

出處：日本慶應大學伊香賀研究室

二氧化碳排出量最少的是國產木材的大規模工廠，但若與使用重油做為主要乾燥能源的小規模工廠相比的話，國產木材的二氧化碳排放量可能還高於進口木材。

◎圖2　一般木造住宅的CO₂排出量

二氧化碳排放量（t-CO₂ / 幢）

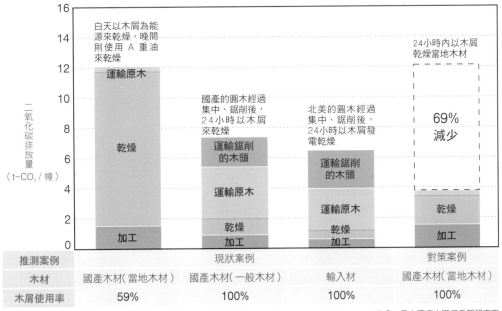

白天以木屑為能源來乾燥，晚間則使用 A 重油來乾燥

運輸原木
乾燥
加工

國產的圓木經過集中、鋸削後，24小時以木屑來乾燥

運輸鋸削的木頭
運輸原木
乾燥
加工

北美的圓木經過集中、鋸削後，24小時以木屑發電乾燥

運輸鋸削的木頭
運輸原木
乾燥
加工

24小時內以木屑乾燥當地木材

69%減少

乾燥
加工

推測案例	現狀案例			對策案例
木材	國產木材（當地木材）	國產木材（一般木材）	輸入材	國產木材（當地木材）
木屑使用率	59%	100%	100%	100%

出處：日本慶應大學伊香賀研究室

當地木材若不是24小時都以木屑乾燥的話，二氧化碳排放量恐怕會比進口木材還要多。

相關連結 ▶052項目

056

RC 造使用高爐水泥

Point

- 木造建築也會有用到混凝土的部分
- 連續基礎的混凝土量比板式基礎少

在環保建築上,以木造建築的二氧化碳排放量最少,最能響應環保。然而,木造建築的主要構造,像地基部分、或地板等部位,還是會使用混凝土。之所以如此,也是因為使用混凝土有它的好處。

當地基是採用混凝土造時,若是以連續基礎型式建造,混凝土總量會比板式基礎的型式來得少,對環境負荷比較低(圖1)。以連續基礎型式來建造,材料體積只要板式基礎的三分之一左右就已足夠。就算在地基結構上有所改變,還是能夠確保結構強度可以符合法令上的規定。而且,如果將使用於混凝土的水泥,更換成高爐水泥的話,還能夠降低30%左右的二氧化碳排放量,對環保更加有利。

不過,也有人認為,板式基礎的耐震性比連續基礎來得好,而且防潮效果與隔熱性能也比較佳,所以有些人會比較偏好板式基礎的型式。雖然連續基礎用防潮材料或隔熱材料來施工,對地下的防潮隔熱效果非常好,但在施工的過程當中會增加二氧化碳的排放量,這樣同樣無法兼顧到環保的理想。另外,也有人把主要結構設計成採用RC造的建築方式,而不選擇木造的建築方式,原因也與上述因素相同。

建築有種種不同的建築方式,可依據不同的理由決定採取構造方式。在環保的考量下,最好還是選擇高爐水泥的混凝土較佳。混凝土是將砂與礫石加至水泥中混製而成,設定好混凝土的強度與坍度後,就要決定水和水泥、骨材的混合比例,讓混凝土足夠堅固。但同時,混凝土的使用也會造成高環境負荷,若選擇使用高爐水泥,在兼顧實用與環保效果上,必定會比普通水泥還來得更好(表1)。

◎圖1 連續基礎VS.板式基礎

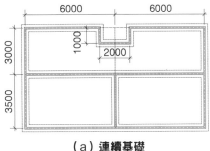

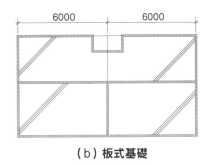

（a）連續基礎

（b）板式基礎

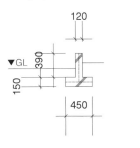

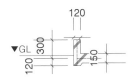

（a）所需混凝土量約4.6m³

（b）所需混凝土量約13.7m³

把板式基礎改成連續基礎的方式，可以把高環境負荷的混凝土使用量抑制在三分之一左右，連續基礎具有充分的結構強度，透過防潮材料的使用，也能確保防潮性能。

◎表1 混凝土的二氧化碳消耗量

類別	混凝土的二氧化碳消耗量（Kg-CO_2/m3）
普通混凝土	282.00
高爐水泥混凝土	206.00

出處：CASBEE日本建築環境效能總和評估系統（新建築物）

由此可以得知，使用高爐水泥混凝土所造成的環境負荷比普通混凝土來得小。

057

透析住宅的節能基準

Point

- 節約能源法的改訂
- 初級能源的消耗量，以及建築物外殼的熱性能 U_A 值

環境問題的根源，來自於文明進步與地球環境的對立。因此，開發、使用能源效率高的機器，創造安全、且不浪費的社會系統，是相當重要的課題。

節約能源法的沿革

以一九七〇年代的石油危機為契機，日本規定了「能源使用合理化法」（簡稱節能法）。隨著這個法律的誕生，同時也制定了建築物節能的判斷基準（節能基準）[1]。在那之後，節能法重覆進行了數次改訂，當二〇〇五年，日本公開發表京都議定書的目標達成計畫書後，又再改訂了一次節能法的內容。

為了更容易掌握建築物整體的節能性，日本訂正了以「初級能源消耗量」為指標的建築物整體節能性能評價基準。

建築物外殼的熱性能以U_A值來表示

住宅的節能評價，關於建築物外殼（外壁、窗戶等）的熱性能方面，是以能夠確保溫熱環境適中的觀點，使用U值（熱傳透率）來評價。該基準值如圖1，先將日本全國劃分成八個區域，然後在每個區域裡，個別標示建築物外殼的平均熱貫流率U_A值。同時，也一併記載平均日射取得率的基準值。不過，平均日射取得率的基準值，最好是能夠控制在愈低愈好。

另外，除了能源消耗量的基準外，在5～8的區域裡，建築物的外殼也要達到一定的遮蔽性能基準才行。而這裡所指的基準，是指平均日射熱取得率 η_A 值。

日本雖然從二〇一三年四月一日起，就開始實施節能基準了，但仍有設定過渡時期，非住宅方面，是從西元二〇一四年四月一日起開始實施；而住宅方面，則會在西元二〇一五年四月一日起開始全面實施。

◎圖1　住宅在節能基準上的地域區分

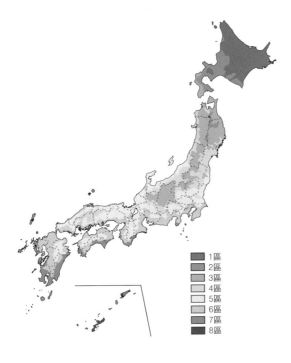

地域區分	建築物外殼平均熱貫流率的基準值〔W/（m² · K）〕	大暑期間平均日射熱取得率的基準值
1	0.46	—
2	0.46	—
3	0.56	—
4	0.75	—
5	0.87	3.0
6	0.87	2.8
7	0.87	2.7
8	—	3.2

統計年分：2013年

◆ 1區
◆ 2區
◆ 3區
◆ 4區
◆ 5區
◆ 6區
◆ 7區
◆ 8區

◎圖2　熱的性能基準

建築物外殼平均熱傳透率的基準值

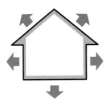

$$建築物外殼的平均熱傳透率（U_A值）= \frac{單位溫度差的總熱損失量^{※}}{建築物外殼表面積}$$

大暑期間平均日射熱取得率的基準值

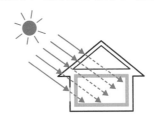

$$大暑期間的平均日射熱取得率（\eta_A值）= \frac{單位日射強度的總日射熱取得量^{※}}{建築物外殼表面積} \times 100$$

備註：
※不包含換氣、以及漏氣所損失的熱量。

初級能源的消耗量

像化石燃料、水力、太陽能等，可以從大自然界取得的能源，皆稱為「初級能源」；而這些能源經由變換、加工處理後所得的能源（電力、燈油、瓦斯等），則稱為「二次能源」。在建築方面，大多都是使用二次能源，其單位的計算各有所異（kWh、l、m³等）。若將這些二次能源換算成初級能源消耗量的話，便能以相同的單位（MJ、GJ）求出建築物總能源消耗量。

058

以 CASBEE 檢查
建築對環境的影響

Point

- CASBEE 是日本的環境評估法[2]
- CASBEE－居住型態是偏向於獨棟住宅

因為建築也是造成地球暖化的原因之一，所以評估建築物的方法，可以透過減少建築時運用的能源、減少關於建材製造時排放的二氧化碳、活用回收再利用的建材、使建築的使用壽命增長等環境性能來評估。IBEC（日本財團法人建築環境・節能機構）目前仍在持續開發評估的系統。在評估系統裡的辦公室建築評估部分，有「新建築」、「既存」、「更新建築（改修）」、「熱島效應」等項目。而這些項目對建築業的評估系統來說，都是以「都市規劃」或住宅為主的居住環境來依序開發的。在其他各國也有類似這種環境性能評估系統，例如英國的BREEAM（建築研究所環境評估法，Building Research Establishment Environmental Assessment Method）、ECO-HOMES（英國政府所提倡的環保房屋準則）、以及美國的LEED（能源與環境領先設計，Leadership in Energy and Environmental Design）等都是。

在這裡，特別針對「居住環境」的評估系統提出檢討，尤其是以獨棟住宅為主。因為日本的獨棟住宅比例，大約占了全部住宅的一半左右，而且每年還會以將近五十萬戶的數量持續增加。因此，為了達到響應環保的目標，只要增加優良的獨棟住宅，應該就能夠大量減少日本整體的環境負荷了。

簡化與既存制度之間的關係

關於住宅評估方面，有日本的「住宅性能表示制度」與「環境共生住宅認證制度」等制度。「CASBEE－居住」也已經引用這些制度來加以活用，而且採用的是對評估者較無負擔，並可以簡易進行的評估方法（圖1）。

公開評估結果

CASBEE會事先預定評估條件來進行評估，有時最初的評估結果會與完工後的評估結果有所差異。因此，要出示給第三者知悉時，關於在哪個階段是以何種條件來進行評估的每項內容，都必須清楚說明並正確傳達才行。

譯注：
2. 行政院於1999年正式推動的「綠建築推動方案」，EEWH系統，並將綠建築定義為「生態（Ecology）、節能（Energy）、減廢（Waste reduction）、健康的建築（Health）」。其中九項環境指標，包括綠化、基地保水、水資源、日常節能、二氧化碳減量、汙水垃圾改善、生物多樣、與室內環境。從2002年起，凡5000萬以上的工程都需經過內政部建築研究所指定機構，至少審核通過其中「日常節能」、「水資源」兩項指標，取得綠建築標章後才可以取得建照。

◎圖1 建築物軟體評估結果的圖示範例

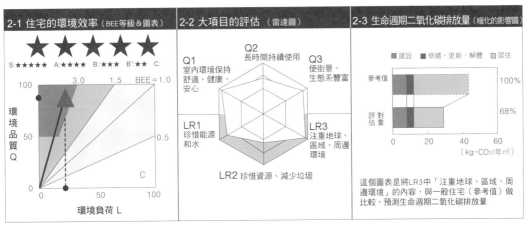

2-1 住宅的環境效率（BEE等級＆圖表）

S:★★★★★ A:★★★★ B⁺:★★★ B⁻:★★ C:

環境品質 Q

環境負荷 L

2-2 大項目的評估（雷達圖）

Q1 室內環境保持舒適、健康、安心
Q2 長時間持續使用
Q3 使街景、生態系豐富
LR1 珍惜能源和水
LR3 注重地球、區域、周邊環境
LR2 珍惜資源、減少垃圾

2-3 生命週期二氧化碳排放量（暖化的影響圖）

■建設 ■修繕、更新、解體 □居住

參考值 100%
評估對象 68%

0　20　40　60
（kg-CO₂/年㎡）

這個圖表是將LR3中「注重地球、區域、周邊環境」的內容，與一般住宅（參考值）做比較，預測生命週期二氧化碳排放量

2-4 中項目的評估（長條圖）

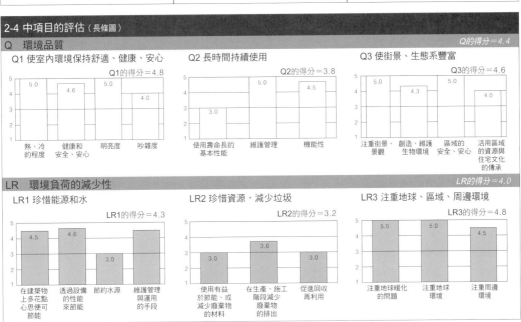

Q　環境品質　　　　　　　　　　　　　　　　　　　　　　　Q的得分＝4.4

Q1 使室內環境保持舒適、健康、安心　　Q1的得分＝4.8

5.0　4.6　5.0　4.0

熱、冷的程度｜健康和安全、安心｜明亮度｜吵雜度

Q2 長時間持續使用　　Q2的得分＝3.8

3.0　5.0　4.5

使用壽命長的基本性能｜維護管理｜機能性

Q3 使街景、生態系豐富　　Q3的得分＝4.6

5.0　4.3　5.0　4.0

注重街景、景觀｜創造、維護生物環境｜區域的安全、安心｜活用區域的資源與住宅文化的傳承

LR　環境負荷的減少性　　　　　　　　　　　　　　　　　　　LR的得分＝4.0

LR1 珍惜能源和水　　LR1的得分＝4.3

4.5　4.6　3.0

在建築物上多花點心思便可節能｜透過設備的性能來節能｜節約水源｜維護管理與運用的手段

LR2 珍惜資源，減少垃圾　　LR2的得分＝3.2

3.0　3.6　3.0

使用有益於節能、或減少廢棄物的材料｜在生產、施工階段減少廢棄物的排出｜促進回收再利用

LR3 注重地球、區域、周邊環境　　LR3的得分＝4.8

5.0　5.0　4.5

注重地球暖化的問題｜注重地球環境｜注重周邊環境

出處：CASBEE－居住「獨棟住宅」建築環境效能總和評估系統的評估規則、日本（財）建築環境・節能機構

059

你知道 LCCM 和 房屋里程嗎？

Point

- 從零碳建築發展成負碳建築
- 減少生產、使用、廢棄時所排出的二氧化碳，創造能源

關於LCCM（生命週期負碳）

建築在生產時、使用時、廢棄時，都會不斷地排放二氧化碳。因為建築能夠長期使用，所以應該要抑制生產、廢棄時的二氧化碳排放量。而且，還要利用太陽能發電系統等設備創造能源，從零碳建築朝向負碳建築發展。總之，進行環保建築評估時，所謂的LCCM（生命週期負碳，Life-cycle carbon negative）就是指在建築物的生命週期期間，一邊抑制二氧化碳排放量、一邊透過太陽能發電系統等設備創造能源，並且讓創造出的能源大於二氧化碳的排放量，使零碳變成負碳的過程。

在這個過程中，最主要是在減少二氧化碳排放量的同時，還要能夠創造能源，並做為天然能源來使用，在生命週期上所獲得的效益才會大於二氧化碳的排放量。太陽能是最適合利用、且最具代表性的天然能源。因為太陽能在使用過程中不會產生二氧化碳，所以可以用來當做供給熱水的能源，而且也能降低暖房的負荷。透過太陽能發電所產生的電力，除了可以供應給建築物本身使用外，剩餘的電力還可以賣給電力公司。由於這整個過程關係到能源的消耗與創造，因此可以使用LCCM的評估方法來確保評估的準確性。

房屋總運輸距離（房屋里程）

食物總運輸距離（食物里程）是「食材從生產地運輸到消費地的運輸距離×食材的重量」，所得出的數值。也就是說，數值愈小則代表二氧化碳排放量愈少。將這個理論套用到建築上，建材從國外運輸進口，所以總運輸距離（里程）較遠。建造一間住宅需要使用各種建材，將這些建材的總運輸距離（里程）加總，便是房屋總運輸距離（房屋里程）（表1），因為這個總運輸距離所排放的二氧化碳量較大，無論使用什麼運輸方式，都無法避免產生這麼大量的二氧化碳排放量。因此，為了降低房屋總運輸距離（房屋里程），最好的改善方法就是要推動使用國產木材，降低運輸時所排放的二氧化碳量。

◎ 表1　一般住宅的二氧化碳排放量

狀況	排放量（$t\text{-}CO_2$）	備註
建設時	27	
運輸時	78	30年
廢棄時	1.2	
合計	106.2	30年
年平均	3.54	

將$3.54t\text{-}CO_2$換算成電力，相當於一年發電約6436kWh的二氧化碳排放量，平均每發電1kWh，就會增加了$0.55kg\text{-}CO_2$的排放量。因此，以太陽能發電設備來說，至少需要設置6kW以上的太陽能發電設備，才能夠自給自足。

◎ 照片1　LCCM（生命週期負碳）住宅

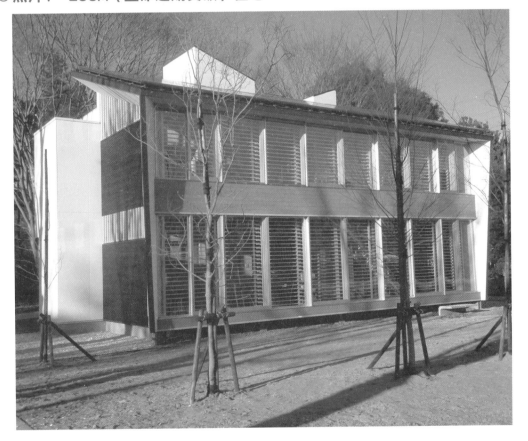

相關連結▶052項目

Column 曼哈頓的木製高架水槽

從帝國大廈的屋頂上往下看，可以看到無數的木製高架水槽。
（攝影：豬野忍）

在舊劇場的屋頂上也有木製高架水槽。
（攝影：豬野忍）

　　走在美國紐約曼哈頓的街道上，大部分的人應該都會注意到許多高樓大廈的屋頂上，有一個很大的圓木桶。這是供水的高架水槽，這個水槽沒有使用到半根鐵釘，而是以一種外觀像聖誕樹的樅樹木頭所製成。從曼哈頓開始建造超高樓層的大廈至今，已經有超過一萬座的高架水槽了。那裡總共有三間公司，會派專門人員負責更新這些水槽，每年平均大約更新了四百座左右的水槽。紐約的飲用水並不是採用氯消毒的方式，而是採用氟、臭氧的處理方式來消毒，然後經過樅樹的抗菌作用後再加以淨化，因為熱傳導率小，所以水溫可以調節在略低的溫度，聽說這樣的水口感相當地好。在歐洲，木水槽的歷史也相當悠久，據說負責製作、設置、維護保養的人是北歐出身的專家。製造出的木水槽可以使用一百年～一百五十年之久，相當耐用。而且不只損傷的部分可以修理，連舊水槽使用過的木板，只要經過削整後，就能夠再次利用。這種木製水槽相當環保，可說是循環型的環保產品之一。

6 環保設備

060

直接連接供水系統的效率最好

需水量的變化

日本於江戶時代時，正式進行了上水道（自來水供水系統）的整備，而第一條流經江戶的自來水道就是神田川上水道。之後的明治時代，因為東京的人口增加了，所以也整備了玉川上水道（引自多摩川）。在那以後的一百四十年間，日本的水道普及率便逐漸增加，到了二〇〇八年時，水道普及率已達到97.5％。不過，需水量卻在這之後的十年間逐漸減少。例如，以住宅區來說，在二〇〇二年時，每個人的每日用水量最多約為250公升。但是，由於生活型態隨著時代進步而改變，需水量也因此產生了變化。直到今日，每個人的每日用水量大約是220～230公升左右。用水量減少的原因應該是，注重環境保護的省水型器具已經開始普及的關係。至於每日用水量的詳細內容如圖1所示。

而且，同時間用水的使用率也降低了，其原因應該是每戶家庭的人口數減少了，或者是家族的生活時間彼此錯開的關係。像這樣的生活形態，就好比公寓住宅的生活形態一樣。所以透過用水的方式，便可看出現代人的生活形態。

供水負荷的計算公式

日本的東京都水道局（類似台灣自來水公司），以實測值為基礎進行了檢測後，把以往所使用的住宅供水負荷的計算公式，更改成符合現代社會生活習慣的供水負荷計算公式（表1）。變更後的供水量雖然變少了，但如果愈多人使用，其供水量就會開始出現差異。因為現在的計算公式是根據使用狀況來計算，所以可以依照需求，選擇更適當的配管口徑或泵浦。也就是說，要掌握適當容量的設備，避免選用過大容量的設備，不僅可以降低設置成本，而且，當水錶的尺寸也跟著縮小的話，運轉成本也可望降低。如此一來，對社會整體而言，便可有效達到節能的目標。

◎圖1 每日用水量的詳細內容

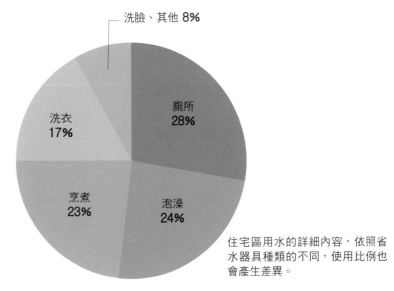

住宅區用水的詳細內容，依照省水器具種類的不同，使用比例也會產生差異。

出處：日本東京都水道局於二〇〇二年的調查結果

◎表1 日本東京都水道局的瞬間流量計算公式
（以公寓大廈為主）

居住人數	計算公式	
	變更前	變更後
30人以下	$26 \times （人數）^{0.36}$	$26 \times （人數）^{0.36}$
31人～200人以下	$13 \times （人數）^{0.56}$	$15.2 \times （人數）^{0.52}$
201人～2,000人	$6.9 \times （人數）^{0.67}$	

單位：ℓ/min(公升/每分鐘)

日本的東京都水道局，以實測值為基礎進行了檢測，把以往所使用的住宅供水負荷的計算公式，改成符合現代社會的供水負荷計算公式。變更後的供水量雖然變少了，不過愈多人使用時，其供水量就會開始出現差異。

061

供水系統的安全性與節能性

供水系統

供水系統大致上可分成兩種方式。一種是先把自來水總管的水引至建築物的儲水槽中儲存，然後再透過泵浦加壓的方式，把水輸送至各戶住宅使用；另一種方式則是直接連接的方式，以自來水總管的原有水壓，直接引用自來水總管的水來使用，或者在連接自來水總管的水管上直接加壓，把自來水總管的水輸送至各戶住宅使用。如圖1，儲水槽的供水方式還可細分成壓力式、重力式、以泵浦直接加壓式三種。至於直接連接的方式則是以直接連接、和直接連結的增壓供水方式較具代表性。

直接連接供水系統與節能

這幾年來，大多採用直接連接的供水方式，尤其針對中小型規模的建築物，更是推薦。將水儲存在水槽裡的供水方式，雖然優點是可以確保緊急時的用水，但相反地，在衛生方面卻有著極重大的缺點，因為儲水槽內容易造成細菌繁殖、或增加污染的機會，所以為了維護管理，就必須花費相當大的時間、人力、與成本。另外，在建築方面上的缺點也無法坐視不管，因為要設置儲水槽，就必須有足夠的空間設置才行。所以，採取直接連接方式，不但能夠確保衛生上的安全，而且也不需要太大的設置空間就能供水了。而環保建築所採用的，就是利用自來水總管的水壓來供水，所以更可有效地節能。

儲水槽設備

現在有愈來愈多的公寓大樓，開始把儲水槽改成直接加壓的供水方式。不過，因為儲水槽的供水方式可以安定地維持供水，所以不論規模大小為何，目前使用儲水槽的公寓大樓仍然很多。設置儲水槽時，應該要確實地進行維護作業，並且把儲水槽設置在符合法定點檢（政府所規定有關安全上的點檢）的空間裡（圖2）。

◎圖1　供水方式

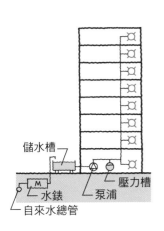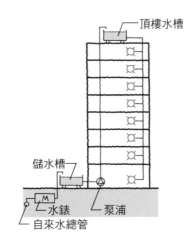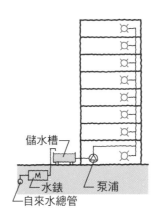

（a）壓力式的供水方式　　　**（b）重力式的供水方式**　　　**（c）以泵浦直接加壓的供水方式**

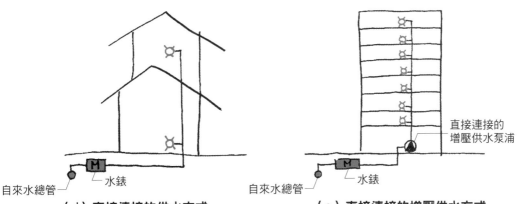

（d）直接連接的供水方式　　　　　**（e）直接連接的增壓供水方式**

◎圖2　儲水槽的設置基準

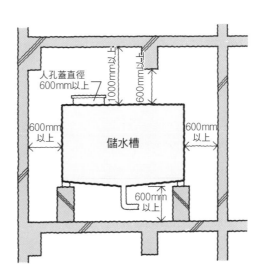

為了避免儲水槽內部受到污染，
不可以設置排水管。

062

透過節水來響應環保

- 善加利用省水器具
- 家用電子產品也能節水

透過節水來實現環保的理想

在環保建築的設計上,也期望可以減少用水量。節水最大的好處,並非只有減少用水量而已,最重要的是,還能夠節約使用熱水時的消耗能源。家庭的節水方法可分成兩種:一種是雖然多少會有些不便,但還是勉強配合控制用水量,以達到節水的效果,例如在洗滌或淋浴時,以頻繁開啟關閉的動作,來達到節水的效果。另一種則是在維持原先的使用情形下,進行節水的策略。例如把衛浴設備、或家電設備等,改成省水型的裝置,以達到節水的效果。

衛浴設備有省水型的馬桶或淋浴的蓮蓬頭,而家用電器則有省水型的洗衣機或洗碗機等。以馬桶為例,傳統型的分離式馬桶在每次沖水時,主要是利用16公升左右的水所產生的衝力來將污物沖走;後來,有利用水流在馬桶池壁形成旋渦的洗淨方式,發展出新一代的沖水式馬桶,這種馬桶的水箱容量僅有6公升左右,但卻有與傳統型馬桶相同的洗淨能力。另外,

還有一種是沖水閥式的馬桶,是直接連接水管的類型,這種馬桶沒有水箱,主要是利用供水總管的壓力來沖走污物,每次的用水量不到5公升,就能達到相當不錯的洗淨效果。

在淋浴用的蓮蓬頭上,可以設置止水開關,方便使用時暫停出水,或者可以裝上也可設定出水量的器具,只要出水量達到設定值,就會自動停止出水。像這種節能又便利的產品不斷地推陳出新,只要是省水型器具,產品上就會貼上省水標章,方便消費者識別。省水標章的基準如表1所示。

每個人的努力可防止環境遭破壞

日本在二〇〇二年高峰時段的需水量減少了。這與民眾廣泛使用省水型器具和節約個人的需水量有著密切的關係。如果每個人都努力節水,就能涓滴成流,除了確保水資源外,也能防止對自然環境的進一步破壞。

◎表1　省水標章的認定基準

省水器具名稱	環保標章的認定基準	綠色採購法的判斷基準
省水型馬桶	洗淨水量：6.5公升以下（以水壓0.2MPa來測定）。	洗淨水量應為每回10.5公升以下
附有流量控制的自動洗淨小便器	洗淨水量：2.5公升以下（以水壓0.2MPa來測定）。	洗淨水量為每回4公升以下，還有，依照使用狀況的不同可以控制或調整洗淨水量
附有專用的流量控制自動洗淨小便器	洗淨水量：4公升以下（以水壓0.2MPa來測定）。	—
省水器	省水器開120°：比起一般的省水器，出水量應為20%以上，未達70%。 省水器全開：比起一般的省水器，出水量約為70%以上 （出水中的水壓設定為0.1MPa）。	—
定流量閥	當水壓為0.1MPa以上、0.7MPa以下的水壓時，閥門全開的適當出水量應為每分鐘5~8公升。	—
冷熱水龍頭（單手柄龍頭）	是容易調節流量的裝置。也有可多段式控制的類型。	—
自動感應式的水龍頭	當水壓為0.1MPa以上、0.7MPa以下的水壓時，出水量應為每分鐘5公升以下。到止水為止的時間應控制在2秒以內。	—
附有泡沫機能的水龍頭	當水壓是0.1MPa以上、0.7MPa以下的水壓時，閥門全開的適當出水量，是沒有泡沫省水器的同型水龍頭的80%以下。當水壓為0.1MPa、閥門全開時，水量應有每分鐘5公升以上。	—

備註：
1.除了表中的內容外，也有各家衛浴設備的廠商、公司所規定的基準。
2.MPa為平均壓力單位。

063

善用多用途的井水

在整備自來水供水系統前，民眾的生活用水都是來自於井水。不過，要讓井水可以飲用，必須先改善水質達到符合標準值才行。因此，生活飲用水和工業用水的使用量逐漸減少，而得以保留豐沛的井水水源。在環保建築設計上，井水具有相當多的用途，列舉一些活用地下水的範例如下：

井水冷卻系統

無法飲用的井水，可以做其他有效的利用，除了可以用於庭院當做灑水系統之外，在環保建築設計上，還能當做冷卻的熱源來使用。如圖1所示，井水冷卻系統，是透過地下送風機來冷卻戶外的空氣後，再送風至室內的設備。供給至送風機的井水，可以冷卻送風機內的蓄冷槽壁面，然後透過幅射熱來使整個蓄冷槽內都冷卻後再送風至室內。這個作用可以達到冷卻室內溫度的效果。除此之外，還能減輕空調負荷，降低空調設備的運轉。當井水冷卻了蓄冷槽的壁面後，還可做為庭院中的噴水池或景觀水回收循環使用，發揮灑水散熱的功能。如此一來，不但能夠防止熱島現象[1]的發生，同時因為井水使用後會回歸於大地，所以也能促進自然循環，達到環保的目的（圖1）。

井水源熱泵系統

在井水豐沛的區域，井水除了可以當做輻射冷卻的熱源來直接利用之外，也能做為水源熱泵系統的熱源使用（圖2）。由於井水的溫度比戶外空氣的溫度安定，所以可以規劃高效率的水源熱泵系統。不過，井水有水質上的問題，所以水源熱泵系統的熱水加熱器（熱泵熱水器），無法利用井水來冷卻。因為井水中含有鈣之類的礦物質，會產生沈澱、凝固在機器內部，導致設備故障。為了解決這個問題，目前已經有好幾家廠商開發了自動排水系統，用來搭配熱泵熱水器使用。

譯注：
1.因都市充滿水泥、柏油等熱傳導係數大的建物與機械、人工排放的熱能，讓都市在日間所吸收的能量無法藉由少量植物的蒸發作用來降溫，造成都市溫度高於郊區。

◎圖1　利用井水的冷卻系統

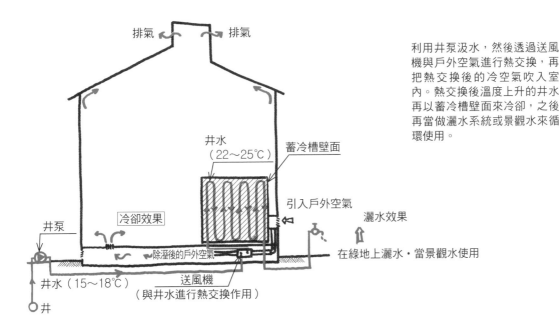

利用井泵汲水，然後透過送風機與戶外空氣進行熱交換，再把熱交換後的冷空氣吹入室內。熱交換後溫度上升的井水再以蓄冷槽壁面來冷卻，之後再當做灑水系統或景觀水來循環使用。

排氣　排氣

井水（22～25℃）　蓄冷槽壁面

冷卻效果　引入戶外空氣　灑水效果

井泵

除溼後的戶外空氣　在綠地上灑水‧當景觀水使用

井水（15～18℃）　送風機（與井水進行熱交換作用）

井

◎圖2　利用井水的水源熱泵系統

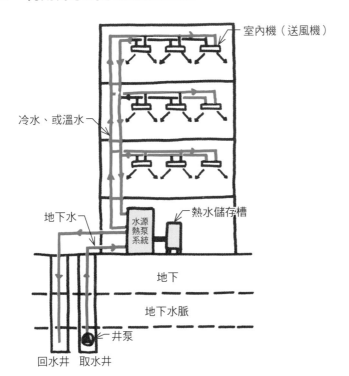

室內機（送風機）

冷水、或溫水

地下水　熱水儲存槽

水源熱泵系統

地下

地下水脈

回水井　取水井　井泵

利用井泵取用井做為熱泵系統的動力來源時，為了防止地層下陷，必須再把水輸回地底。而熱泵系統所製造出來的溫水與冷水，除了可以用來供應熱水之外，也能使用於空調設備。

相關連結▶080項目

064

污水與雨水的利用

Point
- 善用污水可減少排水量
- 善用雨水可減少供水量

污水是水質介於自來水與廢水之間的水。當我們使用了自來水供水系統所提供的水源後，會產生污水流至排水道裡。但這些污水不會被排入下水道，而是經過污水處理廠處理之後，才能回收再利用。

污水處理系統

污水可以用來當做廁所用水、灑水用水、滅火用水等，主要用於飲用外的其他用途。污水處理有簡單的方法，也有像設置淨化槽等大規模的處理方法。就一般民眾都熟知的方法來說，泡澡後的水可以當做洗衣水再次利用。這個方法在任何一個家庭裡都適用，是環保建築中能簡單利用污水的方法之一。至於大規模的方法，則有大廈、工廠裡所設的污水處理設施，透過這個設施來將排水淨化後，再回收利用當做廁所用水、灑水用水等使用（圖1）。

雨水利用系統與雨水逕流管制技術

雨水的再利用也可視為污水利用。在庭院、露台等處放置貯留雨水的桶子，在非常時期、或灑水時就可善加利用。也可以把貯留的雨水循環利用於水池、或噴水池等的水景設計中。

站在防止洪水與熱島現象的觀點上，可以考慮採用雨水逕流管制技術。把地下洞穴或貯留池當成是雨水貯留槽來活用的話，大雨時就能延遲雨水從地基流出的時間，這樣一來，便能減輕下水道的排水負擔。另外，能透過排水井或入滲溝的設置，減少雨水的排水量。在環保建築上，善用雨水的地下滲透，是相當有效的方法之一（圖2）。

污水回收再利用的好處

污水或雨水的利用，不但可以做為水源不足時的因應對策，也能減少排水量、維持河川或湖泊等的水質，而且，不論是在自來水供水系統限制供水時，或者是發生災害需要緊急供水時，都能夠確保水源的供應量，具有多功能的用途。

◎圖1　污水處理系統

（a）只利用自來水供水系統

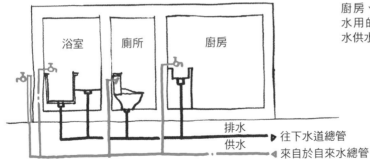

廚房、廁所、浴室或在戶外灑水用的水，全部都是使用自來水供水系統的水。

排水 ▶ 往下水道總管
供水 ◀ 來自於自來水總管

（b）合併利用自來水供水系統和污水處理系統

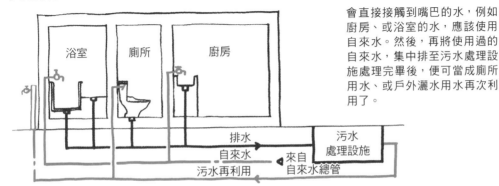

會直接接觸到嘴巴的水，例如廚房、或浴室的水，應該使用自來水。然後，再將使用過的自來水，集中排至污水處理設施處理完畢後，便可當成廁所用水、或戶外灑水用水再次利用了。

排水 ▶
自來水 ◀　來自
污水再利用 ◀　自來水總管

污水處理設施

◎圖2　善用雨水的雨水貯留滲透系統

將下在屋頂的雨水集中，儲存於雨水貯留槽中，可用於緊急時、或當做灑水用水。還有，為了防止雨水大量排入下水道，可設置雨水排水井或雨水入滲溝，先收集處理大量從地基流出的雨水。

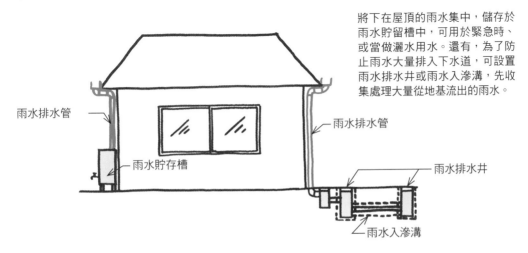

雨水排水管

雨水貯存槽

雨水排水管

雨水排水井

雨水入滲溝

相關連結 ▶ 086‧090項目

065

使用高效率熱水器，節能又環保

Point

- 潛熱回收效率高達 95%
- 考量排水的處理

以往的瞬間熱水加熱器，是利用燃燒器燃燒時的火燄來加熱熱水。但燃燒器燃燒時所釋出的熱能，全部都會成為廢熱，相當浪費。能夠有效活用這個廢熱的產品，就是高效率熱水器。雖然「高效率熱水器」是回收潛熱的熱水加熱器名稱，但一般都通稱為「全熱交換器」。傳統型熱水加熱器的燃燒效率為80％左右，而高效率熱水器的效率則可高達95％左右（圖1）。

潛熱的回收

高效率熱水器是先讓水經過燃燒器的熱交換器後，使水溫上升。然後把這些升溫後的水以燃燒器的火燄加熱成熱水，最後再供給至各出水口。因為高效率熱水器活用了廢熱，所以熱損失較少，至於二氧化碳的排出量與傳統型相較之下，大約減少了13％左右。雖然是加熱相同容量的熱水，但因為燃料消耗量比傳統型的熱水器還少了13％左右，所以可以有效減少運轉成本。總之，高效率熱水器可說是既節能又環保，是符合環保建築條件的熱水器。至於使用的燃料，則與傳統型的燃料相同，都是使用瓦斯或石油。而且，外觀與尺寸都與傳統型的瞬間加熱器差不多，因此在設置時並不會占用太多的空間。

排水的處理

由於高效率熱水器在使用廢熱讓水溫上升時，會產生結露現象。因此，需要設置排水管來排除結露的水。大部分的住宅都會將熱水加熱器安裝在露台等屋外空間。但因為住宅環境的不同，雖然是安裝在露台上，但也可能會發生結露水無法排放的情況。

所以在設計、施工時，應該要先向管轄內的水利與下水道局、消防局確認比較好。不過，如果考量到環保因素，建議可以增設中和水質的機器，讓水更容易排出，也可以減少污染。

◎圖1　高效率熱水器的構造

傳統型

排氣損失20%
（約230℃）

火爐

水　　瓦斯 熱水

傳統型的瓦斯瞬間加熱器，只有
一次熱交換器，所以輸送的水都
是透過燃燒器來加熱的熱水，產
生的熱能較多。

熱效率80%

高效率熱水器

排氣損失5%（50℃～80℃）

輸送的水先在二次
熱交換器加熱

二次熱交換器

一次熱交換器

火爐

加熱後的熱水流經
一次熱交換器時，
會再次加熱

→排水

水　　瓦斯 熱水

熱效率95%

◎表1　瓦斯瞬間加熱器的比較（20號全自動加熱型）

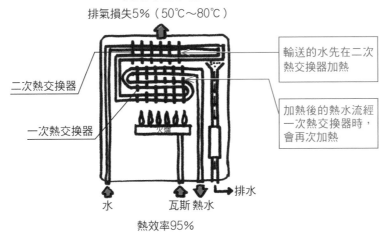

	熱效率	使用瓦斯量[1]	運轉成本[2]	購置成本（材料・施工費）
高效率熱水器	95%	18.0GJ／年 （419.5m³／年）	59,569日圓	317,000日圓
傳統型	80%	21.38G.J／年 （498.23m³／年）	70,749日圓	254,800日圓

備註：
[1] 熱水的供給負荷 17.1 GJ／年
[2] 瓦斯費用每立方公尺142日圓

單位：GJ為十億焦耳

066

最適於溫暖地區 使用的熱泵熱水器

- 以熱泵系統的效率取勝
- 合併使用太陽能可提升熱效率

　　熱泵熱水器是熱泵式熱水加熱器的統稱，由熱水儲存槽和熱泵系統兩個組件所構成。雖然這兩組組件的運轉也是使用夜間離峰的電力做為動力，但與電能熱水器（電熱水器）不同。電能熱水器是把加熱器內裝在熱水儲存槽內，然後經由通電來加熱熱水。而熱泵熱水器在熱水儲存槽中並沒有內置加熱器，熱水是以熱泵系統組件來加熱，然後將加熱後的熱水儲存於熱水儲存槽中。

　　然後，為了保溫，熱水會在兩個組件之間循環。加熱相同容量的熱水時，熱泵系統會比內置加熱器的電能熱水器省電，消耗的電力大約是電能熱水器的三分之一～四分之一左右而已。雖然機器相當昂貴，但因為可以抑制電費，所以對新建築物來說，仍然非常受歡迎，已經累積了許多安裝的實績。不過，關於設置的空間，則必須詳細檢視才行。熱水儲存槽雖然有室內、室外兩種型式，但熱泵系統只能安裝於室外。而且，

因為熱水儲存槽相當重，所以在建築物的構造上應先進行充分的評估後再行安裝。從環境保護的觀點來看，高效率熱水器不但效率高，也不會排出廢氣，是相當環保的機器（圖1）。

利用太陽能的熱泵熱水器

　　利用太陽能的熱泵熱水器，是指除了夜間可加熱熱水的高效率熱水器外，還合併組裝有太陽能集熱器的組件，所以白天可以利用太陽能來提高熱水儲存槽內的水溫。太陽能集熱器是使熱媒通過裝設在室外或牆壁上的集熱器，利用太陽的熱能使熱媒加溫，並循環至熱水儲存槽中，然後與槽中的水進行熱交換後，便可在熱水儲存槽內蓄熱。

　　因為是使用深夜電力與白天的太陽能，所以熱效率比單機的熱泵熱水器還要高，估計可高達到500％左右的熱效率（圖2）。

◎圖1　熱泵熱水器系統構造圖

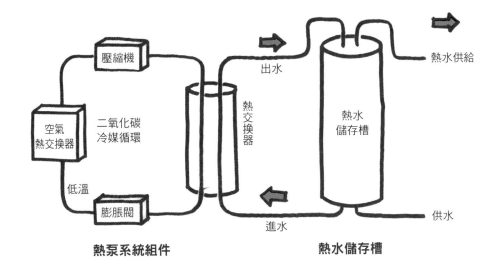

熱泵系統組件　　　　　　　　　　　熱水儲存槽

◎圖2　可對應太陽能集熱器的熱泵熱水器

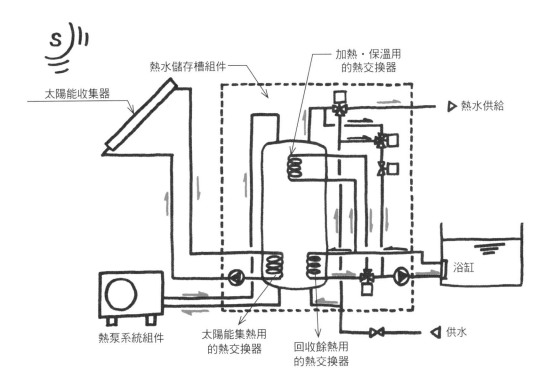

067

使用瓦斯（石油）發電的燃料電池系統

Point
- 提升初級能源的利用效率
- 必須改善各種衍生的課題

燃料電池系統

在瓦斯或石油的成分中，含有氫氣成分。將此氫氣成分抽出後、與空氣中的氧氣進行化學反應便可產生電力，產生的電力不但可以供給建築物內的電燈、插座使用，還可以把產生熱能用來加熱熱水。

系統概要

這個燃料電池系統是由燃料電池組件和熱水儲存槽兩種裝置所構成。在燃料電池組件內發電和產生熱能後，利用該熱能來加熱熱水，並儲存於熱水儲存槽內。然後，當熱水儲存槽內的熱水用完了、或是熱水需要重新加熱時，便會改由地暖備用的熱水加熱器來供給熱能（圖1）。

一般而言，當我們向電力公司購買電力來使用時，如果將輸電損失也計算在內的話，能源的利用率根本未達40％。與燃料電池系統相比之下，由於燃料電池系統是在同一個場所發電和用電的，所以能源的利用率可以高達80％。這個能源高利用率就是燃料電池系統的魅力所在。

當投入2.9kW（千卡）的瓦斯能源到燃料電池系統內時，會產生1kW（千瓦）的電力，這電力可以供給住家使用。而且在此同時還會產生1.4kW（千瓦）的熱能，能夠再用來加熱熱水。燃料電池組件只有在熱水儲存槽製造熱水時，才會開始起動發電。所以，當熱水使用量較少時，發電量也會隨之減少。另外，還有一種是合併太陽能發電的W發電系統（圖2）。

今後的燃料電池系統

燃料電池系統目前尚未被廣泛利用的原因有很多，例如，系統需要有較大的設置空間、購置成本高等，這些都是我們今後要努力克服、改善的課題之一。

◎圖1　燃料電池系統的構造圖

將瓦斯（石油）投入燃料處理裝置時，可從瓦斯（石油）的成分中抽取出氫氣，然後氫氣會在燃料電池組件中與空氣中的氧氣進行化學反應。此時產生的熱能可用來加熱熱水、同時還可以發電。

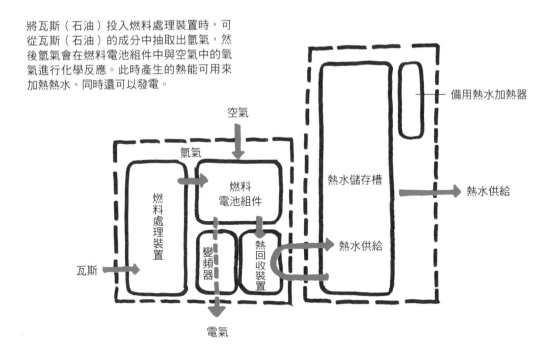

◎圖2　燃料電池系統和太陽能發電的合併

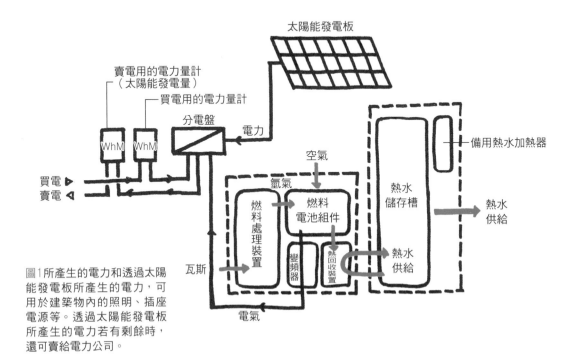

圖1所產生的電力和透過太陽能發電板所產生的電力，可用於建築物內的照明、插座電源等。透過太陽能發電板所產生的電力若有剩餘時，還可賣給電力公司。

相關連結 ▶ 078項目　157

068

綜合各項優點的混合熱水器

Point

- 搭配瓦斯與電的組合
- 具有高效率與舒適性的系統

搭配瓦斯與電的組合

合併高效率熱水器和熱泵熱水器的家用熱水加熱器，稱為混合熱水器（高效率熱泵熱水器）。由熱泵系統組件和儲存槽組件所構成，其中的儲存槽組件被組裝在高效率熱水器中。家庭使用熱水的形態，依場所和用途的不同各有差異。當熱水使用量少時，混合熱水器只會提供熱水儲存槽中以熱泵系統加熱的熱水，當熱水使用量多時，高效率熱水器才會起動，支援熱水的供給。由於熱水儲存槽中的熱水溫度，只比一般熱泵熱水器的熱水溫度低一些， 大約為45℃左右， 所以加熱儲存槽裡的熱水會比一般常溫的水容易沸騰許多。而且，地暖設備、或浴室暖房換氣乾燥機也可使用高效率熱水器所加熱的熱水來循環，保持室內溫度（圖1）。

減少消耗能源

一般家庭內使用於熱水加熱器的能源消耗量高達了30％左右。所以，想要快速達到節能的目標，捷徑便是減少熱水加熱器所消耗的能源。

熱泵熱水器的能源效率，加上輸電損失或餘熱等，實際上大約有93％，而高效率熱水器則有90％。混合熱水器的廠商表示，因為混合熱水器是在熱水供給效率最佳的溫度下來加熱熱水，所以可以達到121％的能源效率。因此，不但可以減少能源消耗，也可降低運轉成本。

減少二氧化碳排出量

混合熱水器的最大特徵就是可減少二氧化碳的排出量。與熱泵熱水器相比，減少約12％～29％左右。而且適用於家庭的這項優點，也使得這項產品相當受到市場矚目（圖2）。

◎圖1 混合熱水器（高效率熱泵熱水器）系統構造圖

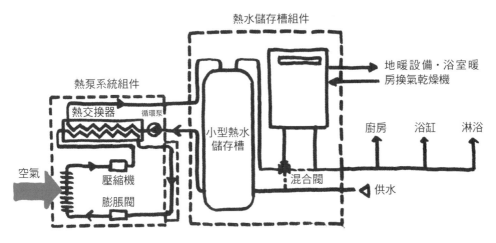

合併高效率熱水器和熱泵熱水器的家用熱水加熱器，稱為混合熱水器（高效率熱泵熱水器）。

◎圖2 比較混合熱水器和熱泵熱水器的效率（林內牌）

混合熱水器

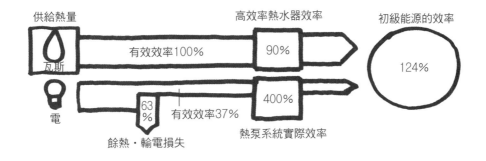

熱泵熱水器

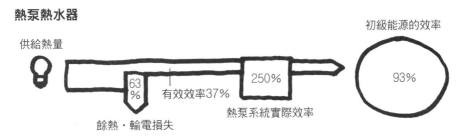

混合熱水器的二氧化碳排出量，比熱泵熱水器還少了約12%～29%左右。

069

多用途的熱泵系統

Point
- 可提高能源效率

　　熱泵系統是可以從大氣或河川、海、地底的熱等各種熱源當中，吸取熱量並加以利用的系統。

熱泵系統的構造

　　當冷媒從液體轉化為氣體（氣化）時，會從周圍吸取熱量，使周圍的物質降溫。當氣體凝結為液體（液化）時，則會釋放出熱量，使周圍的物質升溫。只要能善加利用這個現象來吸取、或釋放熱量，就能夠透過加熱、冷卻的過程，有效地利用能源。

　　冷媒經由壓縮機加壓後，會形成高溫氣體，此時再與空氣或水進行熱交換的話，空氣或水的溫度便會上升。至於進行熱交換後的冷媒，因為失去了熱量，所以會變成液體，若以膨脹閥來減壓的話，溫度會降得更低。溫度下降之後的冷媒，會間接性地與大氣或水等元素進行熱交換，升溫後會再度變成氣體。

　　之後，可以再以壓縮機來加壓。這樣的循環稱為冷凍循環，因為冷媒液化時會釋放熱量，所以熱泵系統就是吸取這些熱量來當做暖房、或熱水供給的系統（圖1）。

使用熱泵系統的機器效率

　　使用熱泵系統的機器，並不是直接把電或瓦斯、石油等初級能源轉換成熱能，而是把這些初級能源做為移動熱能的電力來使用，由於能夠利用的電力效率還不到40％，所以使用時必須把能源的效率提高，才能創造出更經濟實惠的價值（以性能係數COP值來說，大約要控制在3～5左右比較好）。總之，如果可以把COP[2]值控制在3以上的話，電所製造出的能源效率便可達到100％以上。熱泵系統之所以被認為是環保的機器，是因為可以把初級能源的效率提高到100％以上的關係。

　　順帶一提，當熱源來自於空氣時，熱泵系統的效率就會改變，所以目前比較聚焦在像地下水、地熱等這些較安定的熱源上。

譯注：
2.COP（coefficient of performance）為計算熱泵、冷凍空調能源使用效率的基準，即輸入的每單位消耗電力、電功率能產出多少單位的製熱能力或製冷能力，數值愈高代表消耗電力愈小，也就是用電愈省，COP值也愈高。

◎圖1　熱泵系統的運轉

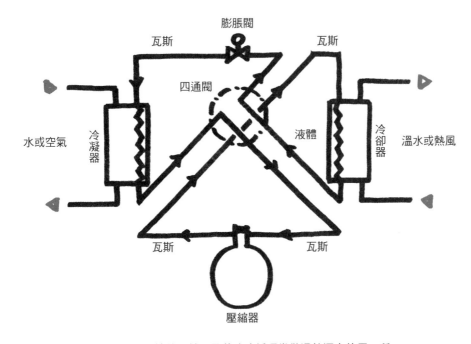

熱泵系統的運轉，是將冷凍循環當做溫熱源來使用，所以利用四通閥來控制冷媒流向，便可產生冷、熱源。

	熱泵系統的使用範例	
冷氣	╳冷房　　　○暖房運轉	
熱水加熱器	溫水（熱泵熱水器）	
洗衣乾燥機	溫水・溫風	
地暖設備	熱泵式熱源機	

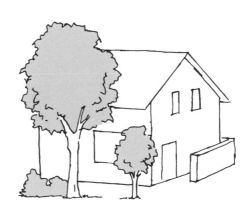

070

要用就用高效率的
熱泵空調系統

Point
- 效率高，可減少消耗電力
- 利用可儲存能源的機器調節用電尖峰

依建築物的用途區別來利用能源

住宅、飯店或店舖等場所的熱水能源消耗量，大約占整體建築物的30％左右，占比相當大。尤其以辦公大樓的冷暖房能源消耗量最大，大約占整體能源消耗量的40％左右。因此，辦公大樓為了減少冷暖房的能源消耗量，最好的辦法就是使用節能設備。

熱泵系統的高效率化

日本開發熱泵系統的技術每年都有進步。不但利用自然冷媒的家用熱泵熱水器逐漸普及化，也實現了熱泵空調系統的高效率化。與十年前相比，家用熱泵空調系統的能源效率已經提高2倍以上了，至於大樓用的多聯分離式空調等商用機種，其效率也提高了1.3倍以上。因此，與傳統型的空調系統相比，不但消耗電力減少了許多，連運轉成本也跟著降低。而且，與歐美國家的空調系統相較之下，日本空調系統的效率，已經達到歐美國家的2倍了。

儲冰式空調系統

儲冰式空調系統，是使用於大樓的高效率多聯分離式空調系統之一。在大暑期間，空調系統可利用夜間較便宜的夜間電力來運轉。在夜間運轉空調的室外機，在儲冰槽裡進行儲冰，將能源儲存起來。白天時，再把這些儲存的能源送入空調的室內機，進行室內溫度的調節（圖1）。

這個系統是以夜間所儲存的能源，當做白天的空調負荷使用，由於夜晚外部空氣溫度較低，所以熱負荷的變動很小，而且，還能減少空調的高峰負荷、縮小熱源機的容量。另外，在系統的效率被提升下，也可以實現環保建築節省能源的理想。

◎圖1 儲冰式空調系統的運轉

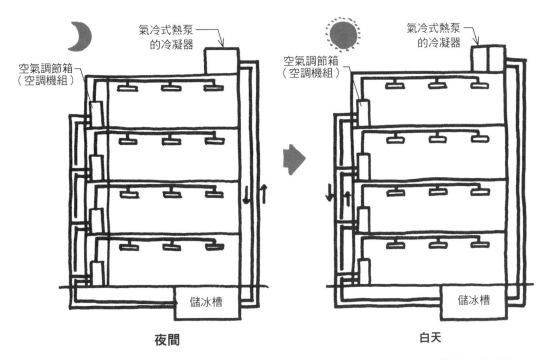

夜間 → **白天**

這個系統是以夜間所儲存的能源，做為白天的空調負荷使用，夜晚外部空氣較涼，所以熱負荷很小，此外還可以抑制空調的高峰負荷、縮小熱源機的容量。

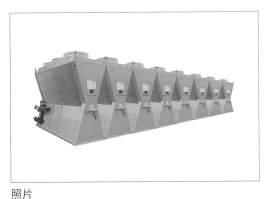

照片
空調設備的外觀
（東芝開利／Toshiba Carrier Corporation）

071

全熱交換器可
降低外氣負荷

Point
- 全熱是顯熱與潛熱的總稱。
- 可分成迴轉型和靜止型兩種。

什麼是全熱交換

全熱交換器是在送風、排氣時，可將室內空氣中的熱排出去，透過與外部空氣進行熱交換，有效達到節能的效果。全熱是顯熱與潛熱的總稱。所謂顯熱，是指隨著熱能的吸收與散發直接就能造成溫度上升、或下降的熱能，例如說在室內環境下，照明器具或電器用品所散發出的熱能，便是顯熱。另外，潛熱則是指即使加熱物體也不會改變溫度、而只會使狀態改變的熱能，例如說冰變成水時的「溶解熱」、或水變成水蒸氣時的「蒸發熱」等，都算是潛熱的一種。全熱交換器就是將這兩種熱進行交換的機器。

減輕外氣負荷

室內的空調系統如果直接吸收戶外空氣，會形成相當大的外氣負荷，此時若使用全熱交換器來進行熱交換，就能把戶外空氣的溫度，轉換成比較接近室內空氣的溫度。如此一來，便可減輕空調負荷。全熱交換器一般可達到70％

左右的熱交換效率，這樣就等同降低了70％左右的外氣負荷一樣。尤其是對於需要長期保持通風狀態的房間來說，除了可減輕空調負荷之外，還能發揮節能的效果。

而且，只要採用附有空氣調節箱或風管的空調設備，就能提供空調設備經熱交換過的外氣，這樣一來，以適當溫度的外氣來供給的目標就可實現了。

迴轉型和靜止型的全熱交換器

全熱交換器的構造還可分為迴轉型、與靜止型兩種。迴轉型全熱交換器是利用迴轉轉輪來進行熱交換。一般都會與空調設備組合使用，能夠進行大風量的熱交換處理（圖1）。另外，靜止型全熱交換器（固定式全熱交換器）則是將熱交換的部分固定起來，透過與隔壁元件連通，藉此將熱能移導出去。相較之下，雖然靜止型全熱交換器較適合小風量的熱交換處理，但因為不需要使用動力能源，所以相當節能（圖2）。

◎圖1　迴轉型全熱交換器

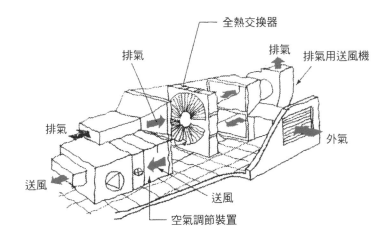

全熱交換器

排氣

排氣

排氣用送風機

排氣

外氣

送風

送風

空氣調節裝置

迴轉型全熱交換器是透過轉輪的迴轉來進行熱交換。一般都會搭配空調設備使用，可以進行大風量的熱交換處理。

◎圖2　靜止型全熱交換器（固定式全熱交換器）

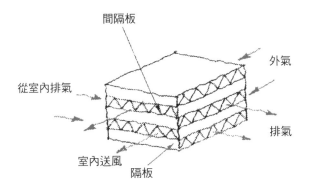

間隔板

外氣

從室內排氣

排氣

室內送風

隔板

靜止型全熱交換器（固定式全熱交換器）是將熱交換的部分固定，藉由與隔壁元件連通來轉移熱能。相比之下，雖然靜止型全熱交換器熱交換處理的風量小，但因不需動力能源，所以相當節能。

072

時代的新主流－LED

Point

• 使用時，若未能充分了解 LED 的特徵就無法有效節能

LED和普通燈泡相比，使用壽命大約是一般燈泡的10～40倍，發光效率則為5～6倍。與螢光燈相比，雖然使用壽命多出2～6倍，但發光效率（效率愈高耗電量愈低）幾乎相同、或略好一些而已。在選擇燈泡時，大多數會以能源消耗效率來判斷，也就是用最小的消耗電量來選擇想要的光亮度。

因此，發光效率（lm ／W）也就成為目前側重的光源條件，LED照明也因此成為全國用來減少二氧化碳的利器。雖然LED成本偏高，但由於LED化本身具有某種意義，因而總讓人有種「流行產物」的感覺。

在LED燈的廣告中，雖然會簡單地介紹它的發光效率和使用壽命，不過隨著使用燈具的不同，有時也會發生比白熾燈泡或螢光燈還暗的情況。

LED非常適合做為指示燈之類實用的小燈具。實際上，LED可以讓小瓦特數的燈具輕易成為光源。在照度上，雖然比傳統燈泡小，卻能發出銳利、閃亮的光。針對作業燈、櫥櫃燈、腳燈等照明器具上，也開發出了只需消耗最低瓦數、且節能效果高的光源。另外，像線燈或跑馬燈、字幕機等背光照明面板的器具，LED也能與這些用途相結合下，成為微小照明的可能光源之一（圖1）。

家中所使用的LED，發光的部分與白熾燈泡不同，是由前端的白色半球部分發出光亮，靠近燈座的部分則不會亮（圖2）。所以，若是在使用白熾燈泡的照明器具上，換裝LED的話，底部會變得比較暗。相反地，若用在光源埋入天花板的嵌燈、或聚光燈之類的器具時，就能發揮高效率的作用（圖3）。

LED最大的特徵就是使用壽命長。在整晚都點燈的狀態下，使用壽命可長達九年，適合用在修繕、維護不易的地方。然而，一旦超過使用壽命，LED的發光效率會變差，此時若還繼續使用，也會無法達到節能的效果，這點還是必須注意才好。

◎圖1 防水型的LED線燈活用範例

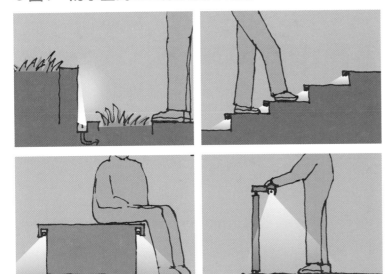

LED燈泡只要以必需最小瓦特數就能照明，適用於像作業燈、櫥櫃燈、腳燈等照明。

◎圖2 一般照明與LED發光方式的不同（配光）

LED燈泡與白熾燈泡不同，LED燈泡是由前端的白色半球部分發出光亮，但在靠近燈座的地方並不會亮。

◎圖3 不適用LED的器具與適用的器具（聚光燈）

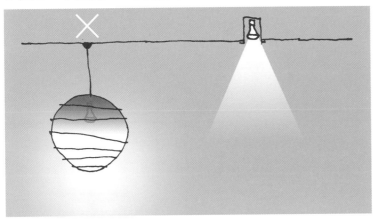

如果把LED燈泡安裝在白熾燈泡的照明器具上，會發現光源的基底部變暗了，效果並不好。但若使用在嵌燈、聚光燈上，就會有極佳效果。

073

善用太陽光來採光
才是節能的根本

Point

・採光方式可依建築條件來選擇

建築專家宮脇檀[3]說過,「白天不能不開燈的住宅,就是失敗的建築」。

在以前,白天是不需要開燈的。但近年來,由於住宅密集化的關係,造成許多住宅的起居室無法獲得充分採光,因此在白天開燈照明,也逐漸演變成一件稀鬆平常的事了。因為自然採光受到限制,所以不得不開燈。

最近,有許多的建築提案,已開始重視太陽光,在複雜、且大規模化的建築中,規劃可直接導入自然採光的系統。

首先,有利用通風天井來傳送太陽光的系統(圖1-左)。也就是在建築物裡設置縱向的通風空間做為採光天井使用,光線便可藉由採光天井由上往下投射到建築物的最下層,這也是最具代表性的採光方式。很適合用在集合住宅等將平面統一化的建築。其他的辦公大樓,若能設置較大規模的天井構造,應該也可達到同樣的效果。

另外,也有使用裝反光鏡的導管來傳輸太陽光的導管系統。提到導管,大部分的人可能會聯想到空調的導管,但這種導管的內部是鏡面的構造,所以對光的傳播效率相當好。因為設置空間不必像天井那麼大,可說是相當節省空間的採光系統。

使用光導纖維(光纖)以鏡片聚集太陽光的傳輸系統(圖1-右),則是選用超細又有彈性的纖維,光的傳輸路徑可以比較自由地選擇。因為可自由選擇光的照射方向,所以即使「想要採光照射地下室的盆栽植物」,也能簡單實現。

在導入白天光線方面,可分成固定被動式採光、以及追隨太陽方位的主動式採光兩種。

導光板(圖2)是可以將適度的透射光、和反射光投射入室內的系統。而且設置在室外時,還能夠抑制夏天太陽熱能傳播到室內,是個一石二鳥的裝置。

譯注:
3.宮脇檀(MIYAWAKI MAYUMI,1936～1998),日本建築師。在設計生涯裡,只專注設計住宅空間,一生不曾經手任何的商業空間,其設計被成為「宮脇樣式」。

◎圖1 善用太陽光來採光才是節能的根本

採光天井（左）
是將光線導入室內的常見手法。

光導管（中圖）
是透過鏡面反射將光線傳入室內。

光導纖維（光纖）（右圖）
則是以纖維集中光線並導入室內。

◎圖2 利用導光板

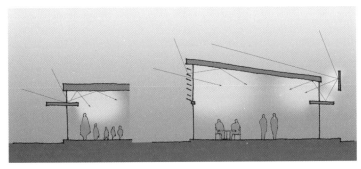

只要調整適當的角度，或在建築形狀上下工夫，就能提升採光效果。

相關連結▶024項目　**169**

074

環保燈泡也能
享受奢侈的光線

Point

- 燈泡和調光是營造舒適空間的最佳搭檔
- 透過燈泡和調光可讓肌膚看起來更加美麗

　　從愛迪生發明白熾（鎢絲）燈泡至今已有一百三十多年，發光效率差、且使用壽命不長的燈泡，在降低二氧化碳的聲浪中成為眾矢之的，而有瀕臨停產的危機[4]。不過，當螢光燈開始普及後，燈泡卻仍然沒有被市場淘汰。這也促使人們重新了解燈泡的優點，從中摸索出未來的共存之道。

　　燈泡型的LED、或螢光燈，在內部都有電子零件，包含著各式各樣的物質。螢光燈的發光燈管以稀土為原料，使用貴重的稀土類元素、或水銀等，要被再利用還必須有一定的技術才行。與此相比，白熾燈泡就單純多了，內部以容易再利用的物質（鎢絲）構成，可說是一種樂活光源（LOHAS，意指健康、永續的生活方式）（圖（a））。

　　人類常會在不知不覺地盯著營火、或壁爐看。由於白熾燈泡的光，與燃燒的火焰有相同的發光原理，對人類來說，可說是最具親切感的人工光線。雖然電費比LED或螢光燈高，但因為光線中各種光的成分均等分布，是品質相當優良的光線（圖（b））。就像在沈靜平和時、或喜慶歡樂時，偶爾會想要稍微奢侈地享用一餐那樣，雖然白熾燈泡的電費貴一些，但因為光線很迷人，在這時候，就把白熾燈泡光當做用來享受的、有一點奢侈的光，也是很好的。

　　此外，白熾燈泡還有一項好處，就是只要利用平價的調光器，就能調節照明的亮度。加裝了調光器，也可以減少消耗能源。最棒的是，在白熾燈泡的光線中，肌膚看起來會變得更加美麗。因為透過調光可讓白熾燈泡呈現偏紅色的微弱光，在視覺上會使肌膚上的細紋、皺紋消失，讓人看起來更顯年輕漂亮。運用在夫妻的寢室，只要善用燈光的調節，不失是維持夫妻圓滿的祕訣之一。

譯注：
4.為了響應節能，日本與台灣皆於二〇一二年底已停止生產費電的白熾燈泡。

◎圖1　適當運用環保燈泡

（a）燈泡的種類

傳統型白熾燈泡　　　　　螢光燈　　　　　　　　LED
　　　　　　　　　　　內置電子電路　　　　　　內置電子電路

與白熾燈泡內部單純的構造相比，螢光燈和LED燈內藏的電子迴路顯得複雜許多。

（b）光譜分布圖

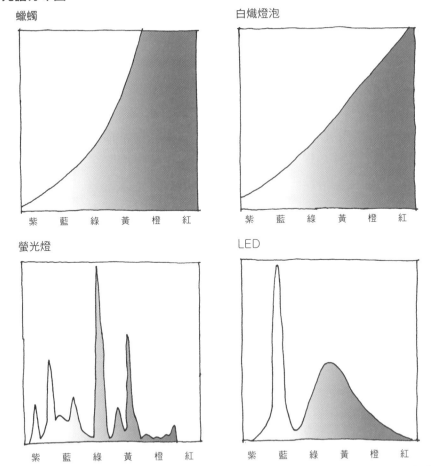

蠟燭　　　　　　　　　　　　　　　白熾燈泡

紫　藍　綠　黃　橙　紅　　　　　　紫　藍　綠　黃　橙　紅

螢光燈　　　　　　　　　　　　　　LED

紫　藍　綠　黃　橙　紅　　　　　　紫　藍　綠　黃　橙　紅

白熾燈泡散發的光接近燃燒的火焰光、燭光；與其相比，LED和螢光燈等則是比較接近人工製造的光線。

075

明亮感指標「Feu」可控制照度避免一味追求明亮

Point

- 「照度 = 明亮」是不成立的
- 規劃適當、且不浪費的照明計畫

自從一九九二年開發了Hf螢光燈後，發光效率大約提升了當時的1.5倍。在此同時，日本照明學會也更新了辦公室的照明基準，把原來JIS（日本工業規格）所規定的辦公室照明基準300～750勒克斯（lux，照度的單位），提高為750勒克斯以上。考量到螢光燈發光效率高，因而形成了使用螢光燈的風潮。但因為辦公室照明的基準提高，絕對面積也增加了，用在照明上的能源一方面減少了，但另一方面卻也增加了。像這樣，所有的建築設施都興起了提高照度的需求，形成一股趨勢。

所謂照度，是指在某個面上所射入的光線量。我們之所以感覺明亮，是因為從這個面反射出光線量的緣故。所以同樣的照明器具，使用在白色內裝的房間、或是黑色內裝的房間裡，感覺上明亮度會有很大的不同。由此可證明「照度=明亮度」是不成立的。

另外，照明器具的泛光廣度或裝設位置、以及空間的大小等因素，也會影響明亮度給人的感覺。因此，人類所感覺的空間明亮度感，若能代換成數值做為指標的話，才能適當地進行照明規劃，避免不必要的浪費。

以日本立命館大學篠田博之教授所開發的「顏色模式的亮度測定法」為基礎，日本Panasonic電工集團所建構的「Feu」基準，實現了亮度數值化。Feu並非是在水平面的亮度分布下所算出的數值，而是在富含色彩的虛擬立體空間中，加入照明器具的光資訊後，所計算出的光環境數值（圖1（a））。計算後所得出的Feu值，也考量了室內或室外等環境的不同，可以用來評估亮度。

例如，在樹木林立的綠化空間中，雖然測得的地面照度都是呈現0勒克斯，但透過Feu卻可以測出明亮度感的微妙差異。這對於採光天井的間接照明等設計，也相當有助益。只要控制照度、提高Feu值，就能有效達到節能的目的（圖1（b））。

◎圖1　以明亮度指標「Feu」避免照度過度提高

（a）照度和Feu的思考方式

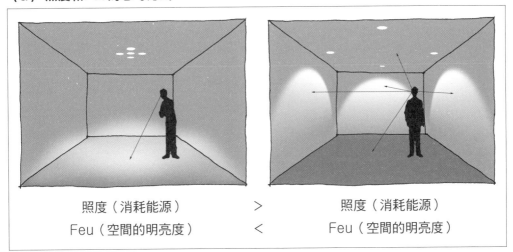

照度（消耗能源）　　　＞　　　照度（消耗能源）
Feu（空間的明亮度）　＜　　　Feu（空間的明亮度）

左－照度只有呈現水平面的亮度
右－Feu呈現的是整個空間的可見亮度

（b）控制照度，提升Feu值的照明範例

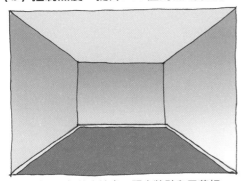

從牆壁與地板的交接處，照亮牆壁和天花板。

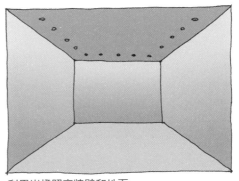

利用嵌燈照亮牆壁和地面。

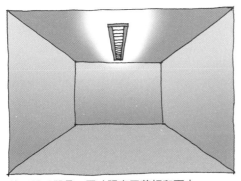

使用照明器具，同時照亮天花板和下方。

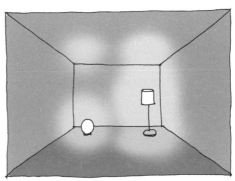

在牆壁一側使用立燈照亮牆壁。

076

仿效機艙內光源的節能照明

Point

- 照亮白天室內陰暗處的「視覺光」
- 節能、且注重氣氛的「使用光」

　　飛機內的機艙照明是利用飛行中引擎產生的有限電力來發電。但這樣的照明方式卻必須應付各式各樣光的需求，不但要能減輕密閉空間的壓迫感、還要能緩和室內外的強光對比、以及在機艙內看書等的視覺需求。座艙照明把各種需求的光分成「視覺光」和「使用光」兩種，再依此進行兼具效率、與效果的照明設計。

　　當飛機在白天的高空飛行時，室內外的光線對比，會比在地面時更強烈，從雲反照的光會毫不留情地射入窗內。此時，射入強烈光線的窗戶周邊的牆面，會與明亮的窗戶形成強烈對比，看起來顯得格外陰暗。為了要改善這個現象，機艙窗戶的上方設置了間接照明系統，藉此調和明亮度的對比。當機艙天花板也被間接照明的柔和光線包覆，機艙給人的壓迫感也減輕了。這個光線稱為「視覺光」。

　　而因為與射入室內的白晝光對比，而讓人感覺陰暗的地方，稱為「白晝暗處」。為了要改善這個明亮與陰暗的差異現象，近來建築空間也會在白天點燈照明，不過這樣一來就必須消耗更多的能源。要消除白晝暗處，最有效率的方法就是增加視覺光。把建築物窗戶周的牆面或天花板、採光天窗周邊的天花板、以及中庭的壁面等設計成開放空間增加光源，就能在減少能源消耗下，解決白晝暗處的問題。

　　日本新幹線車廂內的照明，其照度約為500勒克斯（lux）。這個亮度相當於稍暗的辦公室，在需要工作的早晨不會有照明上的問題，但若是晚上返家的時間，搭乘新幹線的人大多會在車廂內小睡片刻，這樣的亮度就會形成干擾。從照度＝能源考量，這就是浪費。但像飛機的座位從以前至今都設有閱讀燈、把高照度只設在需要的地方想用就用得到一樣。歐美地區的住宅也是如此，在選定的沙發位置上設置看書用的立燈（圖1（b））。這種燈光便是「使用光」。

◎圖1 仿效機艙內節能照明的做法

（a）飛機內的照明

在機艙內的天花板或窗戶上方裝設間接照明（視覺光），可減輕壓迫感。個別處再輔以閱讀燈（使用光）。

（b）建築物內部的照明

在歐美地區的建築物裡，會在牆壁或天花板設置間接照明（視覺光），來呈現房間的氣氛，閱讀則採立燈照明（使用光），大多會設置在沙發的位置上。

077

使用太陽能可降低能源消耗

Point
- 以水做為熱媒的效果良好，但必須預防水凍結
- 採取空氣集熱的方式時，必須要有 VOC 對策

善用天然能源可達到節能效果

採取正確的隔熱方法、或使用高效率的機器，可以建造出節能的環保建築，若把這些環境行動加以發揚光大的話，便可更進一步提升節能的效果。節能效果一旦提升了，不但可減輕地球環境的負荷，還能夠大量減少二氧化碳的排放，所以我們應該善用天然能源，來達到節能的理想。不過，因為天然資源不多、且變化多端不夠穩定，所以很難得心應手地自由使用，因此，為了能夠盡情地享受大自然的恩典，必須藉助一些系統來輔助。

以水當做熱媒效果較好

利用太陽能時，必須先設置太陽能收集器才能收集太陽的熱能，收集器的隔熱性能會左右集熱效率。另外，將收集器的角度朝向正南方設置、並傾斜約 $15°\sim60°$ 之間時，集熱效率最佳。接著再使用水或空氣做為熱媒。其中，水的熱傳導率比空氣好，所以以水當做熱媒，可發揮更好的效果，但是在冬季期間必須防止發生水凍結的現象才行。防凍液大多是用丙二醇，而且必須注意防凍液的濃度管理。另外，由於熱媒經過重力循環（因地心引力所造成的循環）後會產生夜間輻射，而造成儲存熱能的浪費。不過，只要將收集器的配管系統設置成半密閉式，就能防止重力循環發生（圖1）。

空氣集熱型的做法

另一方面，以空氣集熱的太陽能利用系統，雖然因為比較容易維護而被採用，但是熱傳導率低，集熱效果也不好。不過，如果在太陽能集熱器下方實施屋頂隔熱，將屋頂和集熱器設置成一體化的話，就能夠防止熱損失。空氣集熱型的太陽能利用系統中，以OM太陽能系統[5]最具代表性，至於屋頂和集熱面的處理方法，可參考其他廠商的做法（圖2）。

譯注：
5.OM太陽能系統（the OM Solar system）主要是使用空氣做為傳熱介質（熱媒）加熱，屬於被動式的太陽能集熱系統。主動式太陽能集熱系統可完全依靠太陽能集熱不用其他輔助能源。被動式太陽能集熱系統則必須傳熱介質，如水或空氣來完成吸熱、蓄熱、放熱功能。

◎圖1 太陽能利用系統圖

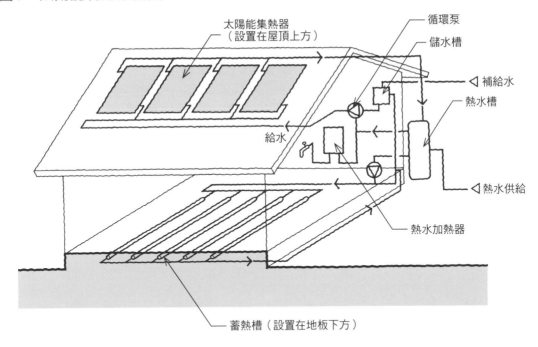

太陽能集熱器
（設置在屋頂上方）

循環泵

儲水槽

◁ 補給水

熱水槽

給水

◁ 熱水供給

熱水加熱器

蓄熱槽（設置在地板下方）

◎圖2 集熱的空氣會在地板下流通

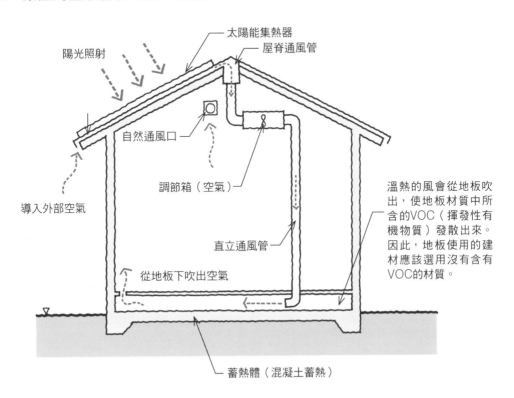

陽光照射

太陽能集熱器

屋脊通風管

自然通風口

調節箱（空氣）

直立通風管

導入外部空氣

從地板下吹出空氣

溫熱的風會從地板吹
出，使地板材質中所
含的VOC（揮發性有
機物質）發散出來。
因此，地板使用的建
材應該選用沒有含有
VOC的材質。

蓄熱體（混凝土蓄熱）

078

太陽能發電
可製造能源

- 規劃可更換太陽能板的維修空間
- 重點在於降低購置成本

以主動式的太陽能系統來說，現在最受矚目的當屬太陽能發電系統。二〇〇九年十一月起，日本的電力單價調漲了2倍之多，是其中最大的原因。

太陽能發電系統

在太陽能的發電系統中，裝設在屋頂表面和牆壁表面的最小單位發電零件，稱為太陽能板。集合許多太陽能板形成發電模組，再將許多發電模組集合起來，就能將收集的太陽能電力輸入電源箱。模組可配合發電量配置成串聯式、或並聯式的模組，設置在架台上的部分則稱為組列（PV組列，又稱為太陽光電組列）。必須特別注意的是，在同一個模組內的太陽能板中，只要有一塊太陽能板故障無法發電的話，整個模組就無法輸電。

因此，為了要在太陽能板故障時可以輕易地進行維修、更換作業，安裝前就必須先規劃保留足夠的維修作業空間才行。另外，當電源箱輸電到變頻器時，因為變頻器會發熱，所以應該要將變頻器設置在可以充分散熱、且通風良好的場所。PV組列則應該朝向正南方設置，又以30°傾斜設置的發電效率最佳（圖1）。

太陽能發電系統所產生的電力，除了可以供給建築物本身用電外，還可以把多餘的電力賣給電力公司。不過，光是要製造1kW／h（千瓦‧小時）的電力，太陽能發電板的設置費用就需要花費約五十萬日圓左右了。把PV組列設置後的維修費用也考量在生命週期成本（LCC）內，如果要用這套系統製造電力供應建築物使用之外，還足以賣電給電力公司的話，發電系統的耐用年數得有十五～二十五年左右，而實際上，系統的使用壽命也差不多就是這個年限、或還要略短一些。因此，降低購置成本就成了重要的事，壓低機器價格是當然的途徑，此外，申請補助金也是必要的做法。（圖2）。

◎圖1　太陽能發電系統

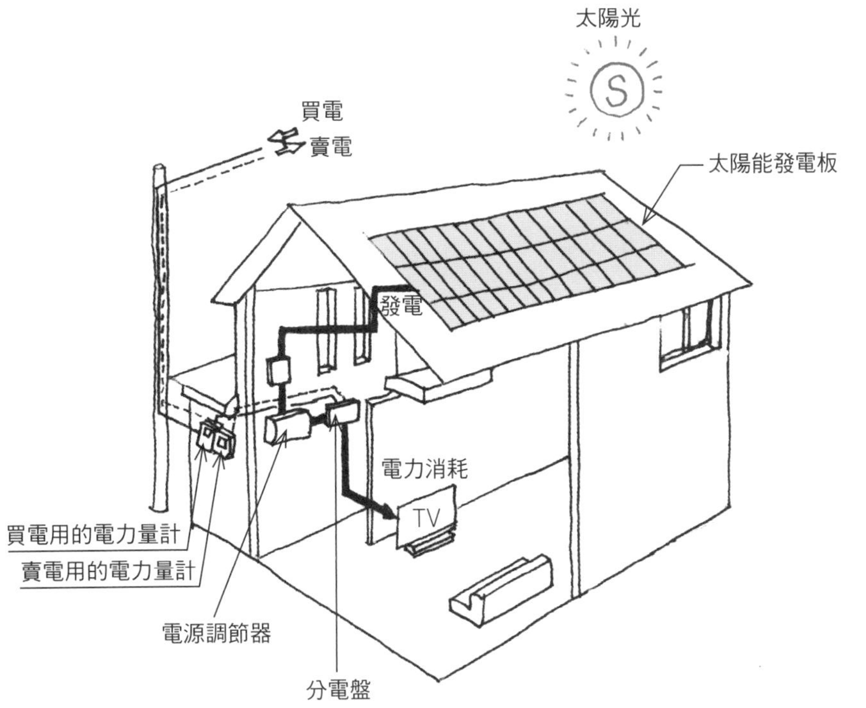

太陽光

買電
賣電

太陽能發電板

發電

電力消耗

TV

買電用的電力量計
賣電用的電力量計

電源調節器

分電盤

◎圖2　太陽能發電的電力量（一天）預想圖

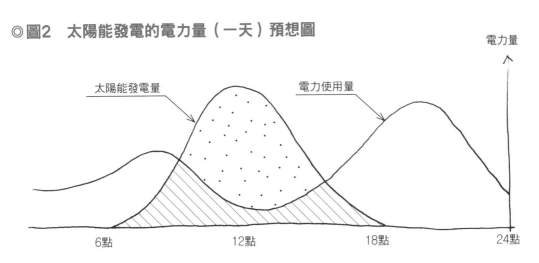

電力量

太陽能發電量

電力使用量

6點　　　　　12點　　　　　18點　　　24點

☐ 從電力公司買入的電力

⬚ 太陽能發電後賣出的電力

▨ 太陽能發電後自家使用的消耗電力

079

選擇地點設置 風力發電

Point
- 設置在愈高的地方，對發電量愈有利
- 不需使用蓄電池就能風力發電

在所有天然能源的運用上，最難的就是風力了。風會受到地形或氣候的影響而改變。在環保建築上討論採用的是郊區型的風力發電。

風力發電

一般所說的風力發電，是指利用風力轉動發電機的風力發電系統。這個系統有各種尺寸不同的規模。根據電力公司的資料，有些風力發電廠的系統甚至可達到3000kW／h（千瓦‧小時）的發電容量。但是，做為建築設備考量的話，最適合的發電容量應該是在300 kW／h左右、或者未滿5 kW／h的小型發電機。如果是這個規模的話，才有可能在家庭、或做為小規模設施使用。關於風車的設置，則是在離地面愈高、風愈強的地方愈好，這樣發電量就會愈大。不過，考慮到風車的結構必須承受風壓，風車的支柱就必須做粗一些，但這樣一來購置成本也會增加，形成費用大、效果小的情形。雖然像發電廠那樣的大規模發電系統，也可以當做觀光景點，但對住宅區來說，並不符合效益比例。

成本效能

螺旋槳式的小型風力發電系統，大約300 kW／h的機器就需要花費約四百萬日圓左右了（圖1）。而且，風力又會受到大自然中不穩定因素的影響，電力很難穩定地供應。雖然可以透過設置蓄電池的方法，把產生的電力先儲存起來，必要時再使用，但如此又會增加購置成本、及維修成本，並不符合一般人對費用‧效果的期待。因此，利用風力發電與其說具有成本效益，倒不如說是表彰環保意識，以利用自然能源的方式減輕環境的負荷。

風力發電除了一般常見的螺旋槳式發電系統外，也有葉片式的發電系統。葉片式風力發電系統雖然發電量少、但安全性較高，相對也比較可能用在住宅或停車場。

◎圖1　螺旋槳式風車

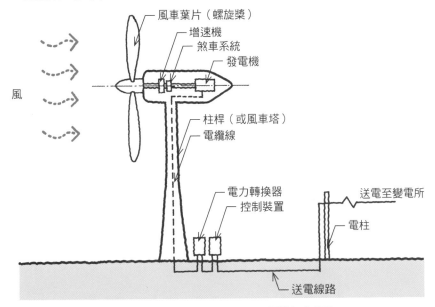

風車葉片（螺旋槳）
增速機
煞車系統
發電機
風
柱桿（或風車塔）
電纜線
電力轉換器
控制裝置
送電至變電所
電柱
送電線路

風使風車轉動。風車的轉軸運轉時，發電機便會啟動。

照片1
風力農場
Eurus能源公司（Eurus Energy Holdings Corporation）

080

可以慢慢使用的地中熱

Point
- 利用地熱可防止熱島現象發生
- 冷卻管要埋設在地面 600 公釐以上

在所有的天然能源中,最安定的能源就是地中熱(地熱的一種,是地表淺層的地熱資源)。不過,要特別注意一點,因為土壤的熱傳導率較低,所以熱交換沒有想像中那麼順利。土壤熱交換的效率關鍵在於地底的含水量多寡,當水分愈多,熱交換的效率就會愈大。

地中熱熱泵系統

地中溫度在不受空氣溫度影響的地底下8～10公尺處,維持著安定的狀態。地中熱的熱泵系統就是利用這個安定的溫度做為熱源。將樁基打入地底,在樁基內部插入熱交換用的熱泵後,便可進行熱交換。地中熱熱泵系統以地中熱為熱源,是一種只單純進行熱交換的構造(圖1),只要熱源的熱交換效率佳,照理就可以安定地輸出熱源。但熱泵系統的熱源若是空氣型態的話,在冬季期間,因為受到空氣溫度降低的影響,熱源輸出的效果會大大地降低。相較之下,以地下水當做熱源較為安定,但必須考慮

到可能會造成地層下陷的問題,設置前應該要深思才行。

此外,使用地中熱熱泵系統的案例,經常可見於美國、瑞典等寒冷國家。但實際上,在溫暖地帶使用的話,對防止熱島現象也有相當的助益。

盤管系統

盤管系統是與地中熱熱泵系統相較下,比較簡易的地中熱利用方式(圖2)。當需要取戶外空氣供給室內使用時,夏季期間可以利用地中熱先將戶外導入的空氣冷卻後,再送入室內;相對地,冬季期間也可透過地中熱先把從戶外導入的冷空氣加熱後再送入室內。因為盤管系統是利用地面下0.6～3公尺左右的地中熱,夏季時地中熱的溫度會比戶外空氣溫度低;冬季時則會有一點點溫暖的感覺。雖然盤管系統無法進行大量的熱交換,但就可熱交換換氣量這一點,就能用做改善病態建築物症候群的對策,可說是相當有效的系統。

◎圖1 地中熱熱泵系統

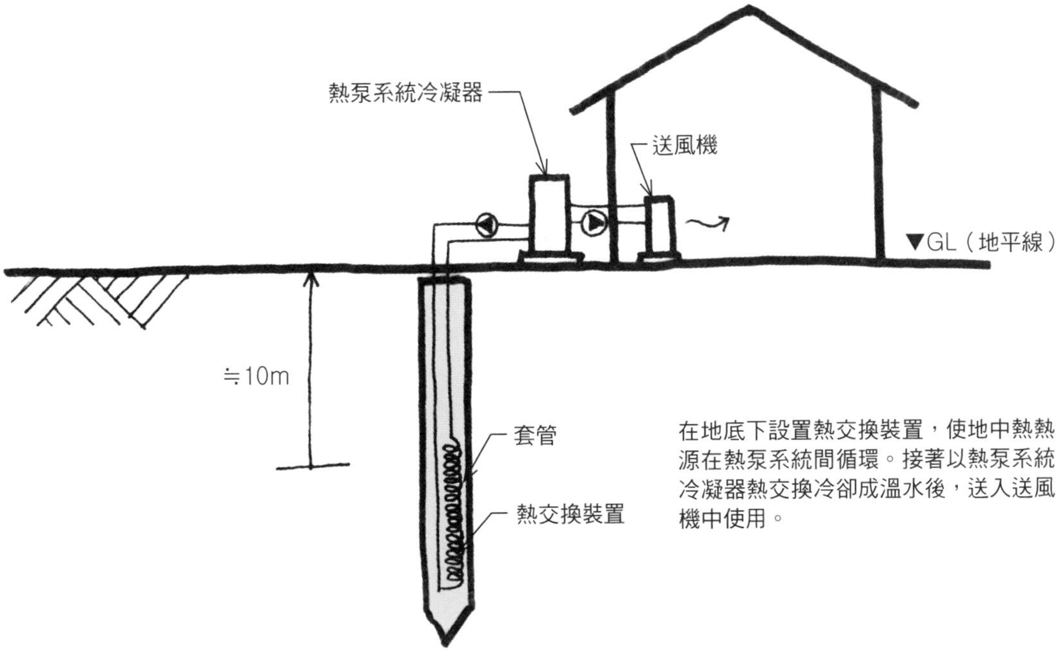

熱泵系統冷凝器

送風機

▼GL（地平線）

≒10m

套管

熱交換裝置

在地底下設置熱交換裝置，使地中熱熱源在熱泵系統間循環。接著以熱泵系統冷凝器熱交換冷卻成溫水後，送入送風機中使用。

◎圖2 盤管系統

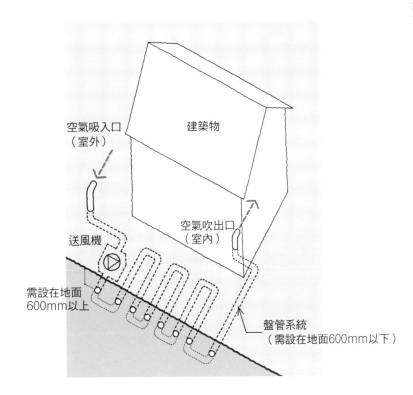

空氣吸入口
（室外）

建築物

空氣吹出口
（室內）

送風機

需設在地面
600mm以上

盤管系統
（需設在地面600mm以下）

使吸取的戶外空氣通過地下盤管系統，將與地中熱進行熱交換後的空氣送入建築物內。可當做冷暖氣使用。

相關連結 ▶063 項目

081

在我們身邊的生質能源

Point
- 生質能源具有碳中和的特性
- 生質能源是可再生能源

生質能源

利用太陽能源的光合作用、以及水和二氧化碳合成後產生的有機物資源,稱為生質能源(表1)。像樹木或草木、家畜糞尿、甚至於垃圾等,都是屬於生質能源的一種。在短時間內,將這些材料進行能源交換後,便能夠當做生質能源使用了。日本使用的生質能源有疏伐材、工廠的廢材、穀殼等的農產品廢棄物。但是,這些材料的排出量並不多,當做生質能源並不足夠。因此,從數量上足夠來看,有效的來源還是家庭或店舖丟棄的廚餘。然而,生質能源在處理上也相當地困難,有著各式各樣的障礙存在。其中大多是燃料的保存、搬運、儲藏、或者是燃燒不良等問題。

舉例來說,以木頭做為燃料時,雖然一般多會先砍成木柴,但這樣還是不適合投入密閉式的燃燒器內燃燒。因此,得先製成木屑、或木顆粒(圖1),變得容易處理後,才能提高燃燒的品質。而生產、並利用甘蔗或玉米做為生質能源,也因為處理容易,成為較受歡迎的生質能源之一。

碳中和

生質能源又稱為可再生能源。因為生物質燃燒時所產生的二氧化碳,會再次被生物質吸收,並不會增加地球上二氧化碳的總量,因此可以達到碳中和的效果(圖2)。也就是說,生質能源的二氧化碳排放量為零,在做為對應環境問題的能源上,是符合期待的。不過,就算當地生質能源的供應量不多,遵循當地生產的能源在當地消費的原則,才是環保的第一要務。表現在環保建築上,也就是希望能選擇符合當地條件的設計方式。

◎表1 生質能源

分類項目		生質能源範例
生產資源	陸域類	甘蔗、甜菜、玉米、油菜籽等
	水域類	海藻類、微生物等
未利用的資源	農產類	稻草、穀殼、麥桿、甘蔗、蔬菜廢料（菜屑）等
	畜產類	家畜糞尿、屠宰場殘渣等
	林產類	林地殘材、工廠殘材或廢材、建築廢材等
	水產類	水產加工殘渣等
	都市廢棄物類	家庭垃圾、下水道污泥等

生質能源是利用太陽能源進行光合作用、由水和二氧化碳合成的有機物資源。

◎圖1　木屑、木顆粒

木屑

木顆粒

◎圖2　碳中和

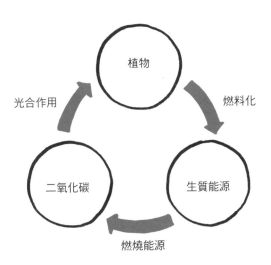

082

集熱・蓄熱・隔熱 的節能方式

Point

- 利用集熱來供給熱水，降低暖房負荷
- 透過隔熱處理，可以減少熱損失；蓄熱可以儲存熱能

地球上充滿了從太陽傾洩而下的熱能。地球在這當中，會利用太陽的熱能提高溫度、然後在背對太陽時，把熱能釋放到宇宙中。透過這樣的平衡過程，讓地球的平均溫度始終保持在15℃左右。但是，因為地球的平流層裡，滯留了太多的二氧化碳，阻礙了將熱能釋放到宇宙的循環，導致了所謂的地球暖化。

如果把地球想像成家來思考，家中的熱能就只能取自太陽。在收集熱能上，容易上手的方法就是集熱與蓄熱。而阻隔掉多餘熱能的手法，則稱為隔熱。

住宅中，一般暖氣用的能源、以及供給熱水的能源，大約占了全部能源使用的60％以上。因此，減少這些能源的消耗，就成了環保住宅中不可或缺的一環。

集熱可以使用太陽能集熱器，集熱後的能源可用來加熱，供給熱水。為了達到集熱的效果，一方面要加工成容易吸收熱射線的顏色，還要有防止集熱後熱能散發的隔熱、或覆蓋設計。窗戶也被視為可集熱的裝置。所以，溫室若把窗戶設置在南方，集熱的效果最佳。

另外，室內的裝潢為了抑制室內溫度大幅升高，大多會以質量較大的建材來構成。如此一來，室內的溫度就不會極端上升，而這些熱能被集熱後，由地板或牆壁吸收，建材的溫度也因此而升高。然而，由於質量大，溫度的上升方式並不會劇烈地提高，熱能因此可被儲存起來。這就稱為蓄熱。被儲存起來的熱能，滯留在地板或牆壁上，再一點一點地釋放出來。因此，即使太陽下山了，被蓄熱的熱能仍然會持續地釋放，讓室內溫度不至於突然降低（圖1）。像這樣使用蓄熱容量（表1）大的建材裝潢室內，可以讓室內溫度的變化抑制在最小範圍。這對於考量了環境的建築來說，充分運用集熱、蓄熱、隔熱的方法，確保室內空間的安定舒適，是不可或缺的。

◎圖1　室內、室外的溫度變化

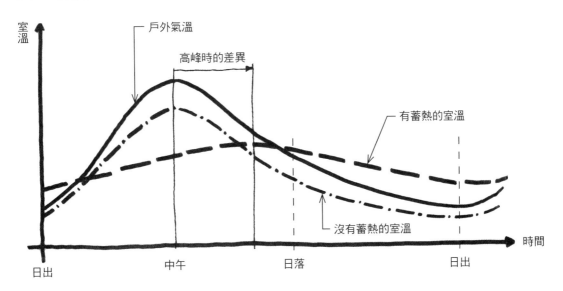

◎表1　蓄熱容量的比較

蓄熱材	容積比熱 〔kJ／（m³·K）〕	特徵
水	4,200	平價、形狀自由
冰	1,900	可用於潛熱
泥土（土壤）	3,300	不好處理
水泥	1,900	可與結構併用
礫石	1,500	不好處理

出處：「建築設備入門」（Ohmsha, Ltd.）
單位：千焦耳／立方公尺・克耳文

相關連結 ▶094・105項目　**187**

活用後院

照片1
整理成露天咖啡廳的後院

照片2
以往荒廢的後院、以及竹林
（攝影：栗原宏光）

　　不管是哪種建築物，都是在一定的基地上建造起來的。思考這個場地是什麼樣的地方、要蓋成哪一種建築、要配置什麼設備，都必須考慮到環境因素。

　　照片中的建築用地，是面向日本成田山新勝寺的表參道。這條表參道，從每年的正月開始，一整年中平均都會湧入數百萬的觀光客來此朝聖，所以，一般商店的建築概念自然都在想著如何將店面拓寬。

　　也就是說，考量的都是擴大建築物的前面、或正門的寬度，至於後院則幾乎完全不重視。在照片中的庭院，有前人收集的鋪路石板、以前曾經使用過的井、商店中用來冷藏商品的冷藏庫、荒廢的自家菜園、以及後山的竹林等（照片2）。

　　經過重新改造後，增加了使用井水的水池，接著在竹林四周以石塊鋪設通道，重新以露天咖啡廳的形態誕生了。如果有好好地詳細審視這塊建築用地的話，其實不難找出新的利用、發展價值。

　　現在，此處已成為成田著名的隱密場所了。

7 活用周邊環境──微氣候・環境行動

製造外部環境與微氣候

利用外部空間來調整微氣候，大致上可達到兩種功效。

其一是緩和、或調節影響居住環境的主要氣象條件，例如日照、氣溫、溼度、風、空氣等，這些氣象條件經過調節之後，可提升居住環境的舒適度。另外一個功能是，可緩衝同樣是熱能發生源的住宅內部所散發的能源，以此改善周圍的居住環境。

這些屬於外部空間的微氣候調整，也意味著，除了從個人因素考量外，同時也要兼顧公部門的政策因素。換句話說，雖然外部空間可分成建築用地內的空間、以及建築用地外的空間，但實際上兩者是合為一體的。若能將兩者整合起來調整微氣候的話，就可以從改善周邊地域開始，影響所及甚至能擴及更大的氣候情形。

調整微氣候時，特別是位於缺乏森林等綠地、或水域的都市地區，考量環境的情形是絕對必要的。若是高密集、高氣密的都市住宅，尤其是蓋在外部空間少的狹小用地時，更需要在微氣候的調整上下足功夫、多加考量才行。過度追求舒適便利往往造成了熱環境惡性循環，從這點來考量建築與設備時，就會了解最重要的還是得從調整微氣候來消解問題。

在調整微氣候時不可或缺的要素包括有「綠」、「水」、和「土」，從圖1可以了解基本作用方式和效果。接著就來說明要達到這些效果的技術與方法。

也就是利用自然原理貫徹環保理念，所以大多為不倚賴機械的簡單技術、與傳統技法。另外，因為那些方法可以減少環境負荷，因此不但可以創造經濟上的利益，對景觀的形成也具有相當的助益。

◎圖1 夏季與冬季時，調整微氣候的構造

（a）夏季

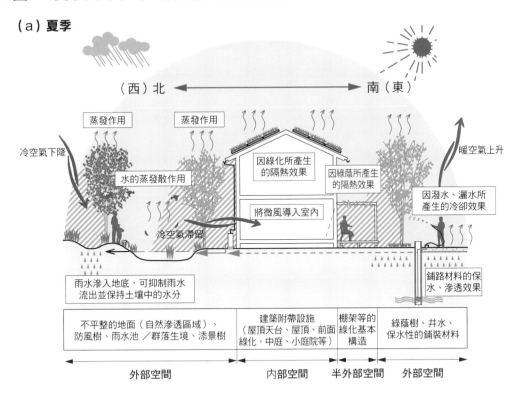

不平整的地面（自然滲透區域）、防風樹、雨水池／群落生境、添景樹	建築附帶設施（屋頂天台、屋頂、前面綠化、中庭、小庭院等）	棚架等的綠化基本構造	綠蔭樹、井水、保水性的鋪裝材料
外部空間	內部空間	半外部空間	外部空間

（b）冬季

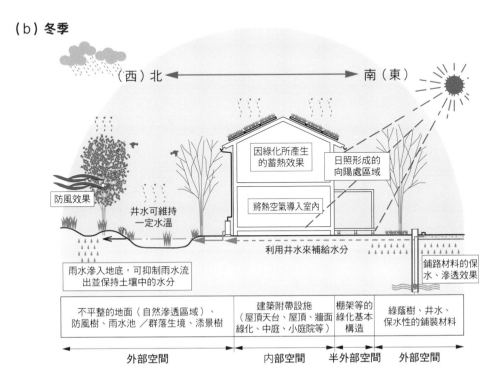

不平整的地面（自然滲透區域）、防風樹、雨水池／群落生境、添景樹	建築附帶設施（屋頂天台、屋頂、牆面綠化、中庭、小庭院等）	棚架等的綠化基本構造	綠蔭樹、井水、保水性的鋪裝材料
外部空間	內部空間	半外部空間	外部空間

084

了解樹木的生態作用

Point
- 植物會釋放水分到大氣中，讓氣溫降低
- 反射紫外線與近紅外線

植物的作用，主要是從葉子背面的氣孔，將水分以水蒸氣形態釋放到大氣中，稱為蒸散作用。雖然這是植物吸取水分、調節自身溫度而進行的作用，但因為過程中會吸收蒸發熱，因此也具有降低周圍溫度的效果，尤其在夏天時，這個效果最為明顯。

蒸散量的多寡依樹木的種類不同而有差異，因為樹木上所有樹葉的數量、樹葉的氣孔開度大小等條件，會依氣溫、溼度而產生變化，所以無法一概而論。大致上來說，葉子面積較小的針葉樹，蒸散量比闊葉樹少，而氣孔開度較小的常綠闊葉樹，蒸散量又比落葉闊葉樹少（圖1）。

葉子為了調節自身的溫度，會透過以蠟為主成分、也稱為角質層的表皮，進行反射紫外線與近紅外線的作用。還有，當可見光線（光波譜中，人眼可看見的部分）穿透葉子的時候，紅色與藍色光線的波長會因光合作用的關係被葉子吸收，只有綠色的波長可以穿透到樹底下。人類的眼睛看到這個綠色的波長時，會有相當舒適的強烈感受，而這也是氣溫較高時，綠蔭可以讓人有舒適感的主要原因之一（圖2）。

另外，關於滲透作用，與其說滲透是樹木所產生的作用，倒不如說，是土壤形成了樹木生長所需的團粒結構。團粒結構是由樹根或土壤中的小動物製造出的空隙，再透過微生物的分解作用，慢慢地使土壤形成團粒化的現象（圖3）。團粒結構較發達的土壤，水分可以從縫隙滲透至地底下，具有良好的通氣性。

另一方面，保水性是樹木本身與樹木下方的土壤表層的作用。降雨時，水分附著在樹冠上的枝葉，透過枝幹慢慢地傳輸至地表（樹幹逕流）。而且，樹幹上的膠質堆積物還可以防止水分流出，水分被膠質堆積物與土壤吸收後，可維持保水性，至於其他剩餘的水分，則會慢慢地流向地面，滲入地底下。

◎圖1 蒸散作用的構造

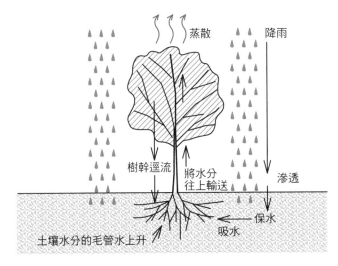

閣葉樹的蒸散量比針葉樹多，在閣葉樹當中，落葉閣葉樹的蒸散量又比氣孔開度小的常綠閣葉樹多。

◎圖2 樹冠的反射與穿透吸收的構造

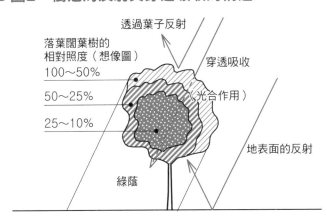

透過光合作用，紅色與藍色的波長會被吸收，只有綠色的波長可穿透到樹底下。

◎圖3 土壤團粒結構的構造

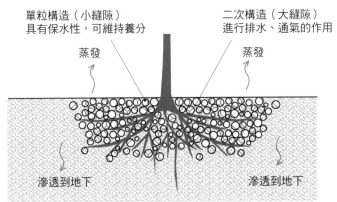

團粒結構是由樹根或土壤中的小動物製造出的空隙，再透過微生物的分解作用，慢慢地使土壤形成團粒化的現象。透過這個結構可有效排水與通氣。

085

了解樹木的物性效果

Point
- 防風效果、通風效果、綠蔭效果、降雨阻截效果
- 依使用場所或使用方法來選擇樹種

風是與日照一起，會對氣候產生很大影響的因素。樹木可以降低接近地表的風速，雖然根據樹形、栽植帶面積的不同，效果上會有差異。自古以來，風強的地域都會在有強風吹襲的方向上，栽植常綠闊葉樹等樹木做為防風林。

另一方面，樹木不只有防風的功能而已，還有讓風穿過樹木來確保通風的做法，又或者是利用樹木的配置製造風道（圖1）的做法。除了落葉時期外，樹木的樹冠會形成綠蔭。綠蔭下的室外溫度比人工製造的背陰處溫度還低。

這是因為樹冠發揮了遮陽與蒸散的作用，因此樹木下的氣溫才會因此降低；至於綠蔭周圍則是完全地曝曬在陽光下，受到幅射溫度的影響而產生高溫。

從另一方面來看，像成片的樹林那樣，如果能把綠蔭匯集、連結在一起，樹冠本身就可以發揮天蓋的作用，夏季時可以將冷空氣滯留在樹下，在冬季時還可抑制從地表發散的幅射冷卻。

在降雨的阻截量上，一般說來，葉子面積大、且葉片分布稀疏的落葉闊葉樹可截留的雨量較少；而葉子面積小、且密集分布的針葉樹或常綠闊葉樹，可截留的雨量較多。相較於落葉闊葉樹，在針葉樹下方避雨會更合適。但這只限於下小雨時，如果降雨量變大的話，附著在枝葉上的雨滴會增加，從樹葉落下雨滴的頻率也會增加，這時阻截降雨的效果也會大大降低（圖2）。

調整微氣候時，為了讓樹木發揮作用、從中取得效果，首要條件就是必須先了解適合樹木的生育環境。在表1中有列舉一些選擇樹木時的檢查要點，提供給讀者參考。如果樹木長得過大而沒有採伐、或是被過度修剪的話，都會失去樹木原有的功能。因此建議在挑選樹種前，應該要先充分地檢討樹木的栽種場所與使用方法，然後再做挑選會比較恰當。

◎圖1　樹木的強風、通風、與綠蔭效果

照片1
屋敷林可降低風速。

照片2
綠蔭樹可確保通風，降低樹下氣溫。

◎圖2　樹木的降雨阻截率與樹幹逕流率，依樹種不同而有所差異

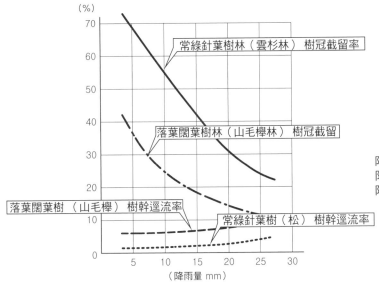

降雨量較少時，針葉樹的降雨阻截率較好，降雨量大時，其降雨阻截率會大幅降低。

◎表1　挑選樹木時的檢查要點

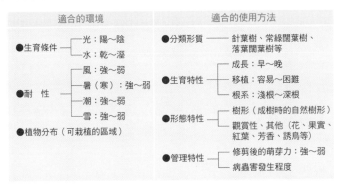

應充分檢討表中所列的樹木特性後，再挑選適當的樹種。

086

了解水與土的作用

Point
- 了解水面與土壤表面的溫度、及水分的變化
- 考量環境負荷，活用雨水與井水

熱幅射的吸收與釋放

水面與土壤表面的溫度，在沒有遮蔽物的狀態下，白天因受到陽光照射的關係，溫度會比氣溫還高。由於水面的溫度會因深淺的差異、是否處於流動狀態、水源的不同等狀況而產生極大的差異，所以在此統一以淺水池為例。

相反地，在太陽下山後，隨著熱能的釋放，表面溫度也會逐漸降低。因為比熱會隨著物質的不同而有所差異，所以即使給予水與土壤相同的熱量，土壤還是會比水容易升溫，而且也比較容易冷卻。此外，在路面上使用柏油（瀝青）等鋪裝材料時，因為柏油具有比土壤還不容易冷卻的特性，這應該也是造成熱島現象的原因之一（表1）。

水面與土壤表面的水分蒸發

當水面、或土壤的表面溫度，因受到陽光照射或風等氣象條件的影響，上升到比氣溫還高時，水分就會蒸發。此時，因為汽化熱作用使周圍的熱氣被吸收，所以夏季的水邊、或有些土壤保水性較高的地方，氣溫會比較低。而且，水面與地表比起來，陽光反射量、與蒸發量都比較多，所以能夠抑制水溫上升，保持舒適涼快（圖1）。

活用雨水與井水

就減輕環境負荷的意義來說，因為自來水的在淨化過程中需使用相當多的電力，所以應盡量避免使用自來水比較好。而且，自來水中含有淨化過程中殘留的氯，在滯留時若沒有經過揮發、或透過除氯過濾等過程，可能會對微生物造成不好的影響。因此，活用有抑制流出裝置的雨水、或是活用水溫比較穩定的井水，都是很好的做法。

適當的土壤

土質可分為砂質壤土、和黏性壤土。一般來說，因為土壤較容易形成團粒結構，所以有效水分含量較多，是比較適合植物生育的環境，而且，也因為土壤表面的蒸發量也很多，所以也相當適合用來調整微氣候。

◎表1 物質表面的太陽能吸收率與放射率

物質表面	太陽能吸收率	垂直面放射率※
水面	0.5	0.96
土壤	0.8	0.93～0.96
綠葉	0.48～0.57	0.94～0.99
柏油（瀝青）	0.85～0.98	0.90～0.98
混凝土	0.65～0.80	0.88～0.93
磚塊・瓷磚	0.50～0.70	0.85～0.95

備註：
※垂直面是指與陽光的入射光線，呈直角的受熱面。

將水與土壤比較後得知，土壤不但容易升溫，也比較容易冷卻。柏油（瀝青）路雖然比土壤容易升溫，但冷卻較慢。

◎圖1 水面與地表面的水分蒸發

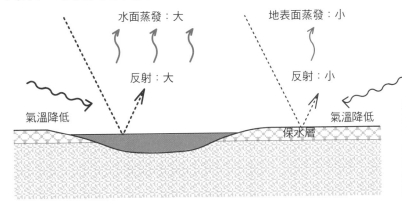

比較土壤表面與水面的溫度後得知，因為水面的陽光反射或蒸發量較多，而蒸發時的汽化熱可吸收周圍的熱氣，使周圍環境降溫，所以較涼爽。

◎照片1 雨水活用：雨水儲存槽

◎照片2 活用井水

087

製造微風

Point
- **製造具有溫度差的場所**
- **微風是由空氣慢速流通所形成的**

　　水與土孕育出綠地，綠地將水蒸散為氣體，也豐富了土壤。「綠」、「水」、和「土」之間相互依存的關係是大家都知道的，但在調整微氣候時，若能把這三項要素運用到居住環境中，卻可以大幅提升整體效果。

　　夏季時，可在建築用地內製造有溫度差的場所、以及製造空氣流動。在建築物南北側的外部空間，運用樹木效果、水面或土的比熱差、地形等元素產生溫度差，再利用冷空氣會流向溫暖場所的原理，就可以使微風吹入室內。

製造散熱調節系統

　　為了使冷空氣滯留，如圖1，在建築物的北側等白天比較容易形成陰涼的場所設置水池，並且把周圍做出綠蔭。水池的周圍再以不易蓄熱的地被類植物被覆形成綠地。最後，再把水池周圍的土填高，做成散熱效果好的窪地形狀。運用以上的這些設置，即可製造出散熱調節系統（積留冷空氣），讓建築物的北側與容易蓄熱的南側之間產生溫度差，白天只要將窗戶打開，就能夠將北側的冷空氣導入室內，流通到南側了。相反地，在晚上時，南側的土壤表面（有草坪）會先冷卻，與較土壤冷卻速度慢的北側水面之間又會形成溫度差，空氣便會從南側流向北側。

製造風的方法

　　前面所說的原理雖然與氣象中的海陸風相同，但在小規模的場域裡，所形成的風大多是才一輕拂就消失，所以，與其說是製造風，倒不如說是製造空氣流動較為貼切。若要進而產生風的感覺，白天可以在水池設計落水或噴霧，並於黃昏時在建築物南側灑水，效果會更好。這些都是利用水分蒸發時的汽化熱作用、以及使溫度降低至氣溫以下的方式，所做出的微風吹拂感覺。

◎圖1　假設風在夏季白天裡的流向

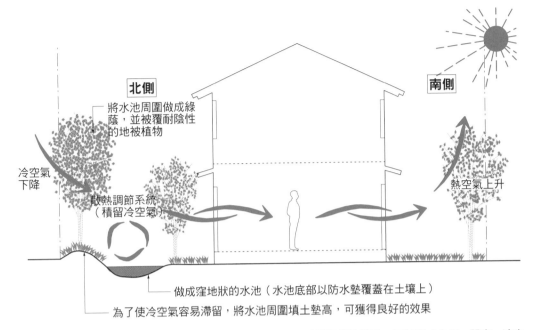

北側

—將水池周圍做成綠蔭，並被覆耐陰性的地被植物

冷空氣下降

散熱調節系統（積留冷空氣）

南側

熱空氣上升

—做成窪地狀的水池（水池底部以防水墊覆蓋在土壤上）

—為了使冷空氣容易滯留，將水池周圍填土墊高，可獲得良好的效果

在住宅的北側設置散熱調節處，讓南、北側產生溫度差，透過這樣的設計，可以形成白天一開窗，冷空氣就會從北側往南側流動的效果。

◎圖2　利用汽化熱作用來創造微風的方法

照片1
活水（設計／背景計畫研究所）

照片2
霧（設計／背景計畫研究所）

照片3
灑水

相關連結▶011‧193項目

088

製造綠蔭

Point

- 要保護綠蔭樹的樹根
- 利用棚架可觀察植物的生長狀況

綠蔭樹與人的印象是，一般而言綠蔭樹會長出很大的樹冠，夏季時提供我們涼爽的樹蔭，冬季時會落葉，陽光可以從樹枝縫隙照射到地面。在這裡，就來介紹適合都市住宅栽植的單獨木、使用涼棚等綠化基材創造綠蔭的方法、以及樹種的挑選重點（以本州關東以西的樹木為主）。

要利用單獨木製造出涼爽的綠蔭時，需要先考量以下三事：

①如果樹木種植的位置是人們容易踩踏的地方，可在樹根上方架設露台、或是使用樹圈，防止土壤被踩踏得過於堅實（圖1）。

②檢討枝葉的密度、常綠樹還是落葉樹、以及生長程度等。

③檢討病蟲害的發生程度、有無鳥類飛來、整枝、以及修剪的難易度等。

從以上的三個觀點來選擇樹種時，落葉闊葉樹（如櫸榆、三角槭、日本辛夷、四照花等）、常綠闊葉樹（赤皮椆、小葉青岡、紅楠等）都是可以考慮的候選樹種。

另外，使用棚架來栽植蔓性植物時，也必須先考量以下二事：

①由於棚架頂部的棧木粗細、架設方向、以及間隔等，都會影響遮蔽日照的情形，架設前必須充分檢討才行。

②須先確認棚架的材質、與蔓性植物的生長形態。栽植時，除了可栽種會伸長到屋頂的蔓性木本類（木質化的蔓性植物）外，大多數具攀爬特性的卷附型蔓生植物也很適合。（圖2）。

從以上的觀點來挑選樹種的話，可考慮候選植物種類有常綠蔓性植物（金銀花、黃金絡石、變尾葉石月、卡羅萊納茉莉等）、落葉蔓性植物（紫藤、鐵線蓮、凌霄花等）。

◎圖1 綠蔭樹根部的保護方法

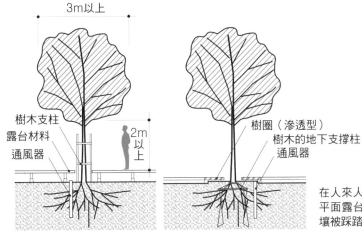

樹木支柱
露台材料
通風器

3m以上

2m以上

樹圈（滲透型）
樹木的地下支撐柱
通風器

在人來人往的場所栽植綠蔭樹時，應以平面露台、或樹圈來保護樹根，避免土壤被踩踏得過於堅實。

◎圖2 使用棚架等的綠化基材製造樹蔭

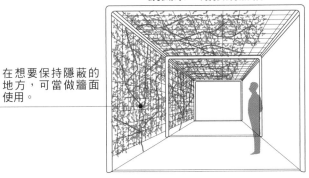

鋼鐵架＋熔接鋼筋網

在想要保持隱蔽的地方，可當做牆面使用。

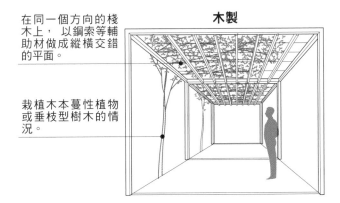

木製

在同一個方向的棧木上，以鋼索等輔助材做成縱橫交錯的平面。

栽植木本蔓性植物或垂枝型樹木的情況。

除了蔓性植物外，也有人會利用棚架栽植垂枝型樹木（垂枝銀杏、垂櫻等）。將原本具有垂下特性的枝條放在棚架上方，誘使其生長覆蓋頂部形成綠蔭。

089

整頓風力

Point
- 選擇可防風、或可利用風力的樹種

早期以來民家周圍栽種防風、防雪的屋敷林、或是海邊地方的防砂林等，都是從地方特有的自然環境中衍生來的農業、園藝造景技法，許多都成為了當地特有的景觀。雖然這些園藝造景技法，不見得都能依樣畫葫蘆地應用在都市中，但正因為這些技法，讓我們在思考維護隱私、預防犯罪、防火、防西曬等機能時，有可能創新出另一番景觀樣貌。而且，樹木就像大氣的濾網一樣，可以淨化空氣，善加思考加以利用的話，就能改善風速，將溫和的風引進來。

在郊外、周圍沒有遮蔽物的住宅，也會看到在冬天北風強勁的地方，栽植如屋敷林一般、比建築物高的樹木。不過，在都市住宅中，幾乎都把綠籬當成是防風樹來使用。挑選防風樹時，除了要考慮樹種的生長條件外，還要就下列二事詳加檢討：

①雖然落葉樹在樹葉掉落後，樹枝或樹幹仍具有降低風速的效果，但要用在都市狹小的建築用地時，還有隱私等的都市問題，也要考量後再做選擇才行。

②葉子小、且分布密集的樹，會降低風的穿透率，綠籬內部就很容易累積溼氣或塵埃。因此，選擇樹木種類時，最重要的是確保風道暢通（圖1）。

一般說來，葉細、分布稀疏的常綠針葉樹，風的穿透率較低，而比針葉樹的葉子大、葉子之間空隙也較大的常綠闊葉樹，風的穿透率也比較高。

朝北的住宅，因為出入口通道容易受到北風吹襲，設計防風林時，基本上要一方面能收集風、一方面還要利用樹木和填土緩和風勢，以此找出最佳的組合方式來製造風道暢通。

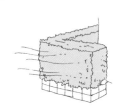

◎圖1 狹小建築用地的防風與通風

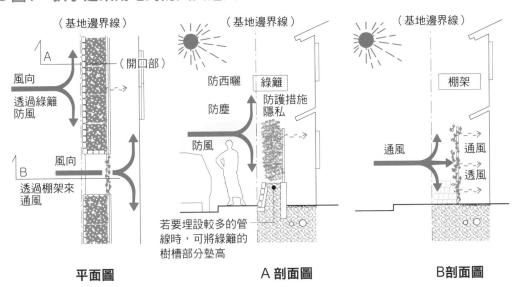

平面圖　　**A 剖面圖**　　**B 剖面圖**

若能維持良好的生長條件、和管理狀態的話，可以將防風效果較高的樹種、與風穿透率較高的樹種組合起來使用。甚至，具有穿透率的格狀棚架也能搭配使用。

◎圖2 住宅通道上的風，可透過綠籬控制

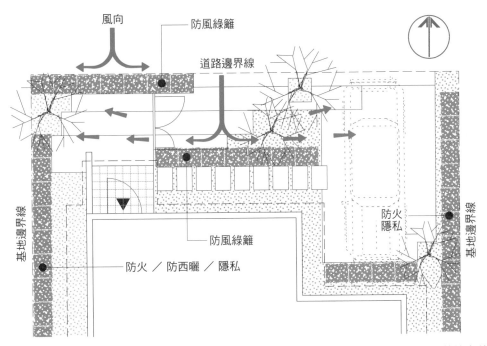

若需求條件是即使風穿透率低、也要保有隱私的話，可考慮選擇龍柏（倒地柏）、日本檜等檜木科常綠針葉樹，維護隱私的效果會比較好。與常綠針葉樹相較，既有不錯的風穿透率、遮蔽性也高的樹種有葉子較小的鈍齒冬青（波緣冬青）、羅漢松、冬青類等。此外，落葉闊葉樹中也可以使用落葉期枯葉會留在枝椏上的山毛櫸木、麻櫟，或是枝葉細又分布密集的吊鐘花等。

090

雨水的收集與循環

Point

• 讓雨水可緩慢地循環使用是很重要的
• 設計可收集雨水的地勢、適合植物生長的環境

雨水是最貼近日常生活的自然能源。在酷暑、或局部性豪雨之類的所謂異常氣象外顯的現在，雨水雖與抑制排放溫室氣體之間只有間接關聯，但與抑制雨水流出（儲存與滲透），讓雨水可直接活用，已是環保住宅必須考量的重要課題。活用雨水、減少使用自來水的生活是同時具有經濟效益、且符合環保、生態的生活方式。

在收集雨水上，最有效率的方法就是將屋頂上的雨水透過排水槽，導入雨水儲存槽內儲存起來。將雨水匯集入雨水儲存槽時，可在流入口設置濾網等過濾器，把垃圾、砂子過濾乾淨。地上型的儲存槽容量，依使用目的不同，容量也有所差異，一般市面上的產品有100～1,000公升左右。材質是以陽光無法穿透的金屬製、木製材質為主，設置在陽光照射量較少、水溫不易上升的場所較佳（圖1）。直接使用雨水的方法包括了給植物澆水、灑水、洗車、做成生態池、做為防災備水等，或者也可以用來沖廁

所、洗東西等，只要將雨水中的泥砂除去，用途就會變廣。

雨水除了當作室內的使用水外，也希望可以自然地滲入地下。但是，因為建築用地內的地下水位狀況不同，有時也有不易滲入的現象，建議先了解清楚用地內的土質條件是很重要的。

另外，還有一種利用地形來製造雨水滲透區域的方法。以如同傳統造園技法一般打造出「凹凸不平的地面」，以此增加雨水滲透的機率。這個方法是利用凹凸不平的地面製造雨水的通道，使地面上的凹洞成為雨水的滲透區域。而且，也可利用這樣凹凸不平的地面做為一種景致，或是利用陽光照射的亮面、和背陰面，以及土壤的乾、濕狀態，做出多樣化的植物生長環境。（圖2）。

◎圖1 利用雨水做成生態池的方法

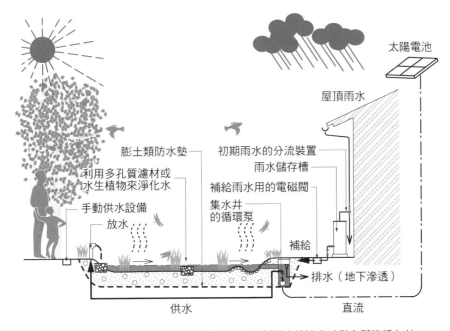

太陽電池

屋頂雨水

膨土類防水墊　　初期雨水的分流裝置

利用多孔質濾材或　　雨水儲存槽
水生植物來淨化水　補給雨水用的電磁閥

手動供水設備　集水井
的循環泵

放水　　　　　　　　　補給

排水（地下滲透）

供水　　　　　　　　直流

使用雨水儲存槽做成生態池的範例。除了可以抑制雨水的流出（儲存與滲透）外，
在夏季期間也能發揮散熱調節的效果。

◎圖2 利用地形的雨水滲透方法

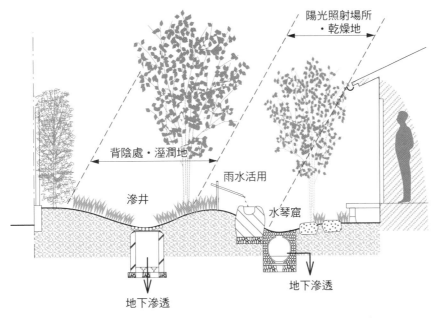

陽光照射場所
・乾燥地

背陰處・溼潤地

雨水活用

滲井

水琴窟

地下滲透

地下滲透

地形凹凸可以當做一種景致來欣賞，而把土壤分成濕的部分和乾的部分，
也可因此製造出多樣化的植物生長環境。

相關連結▶064項目　　205

091

以「綠」覆蓋建築物

Point

• 首先，要有效地使用地面

　　屋頂綠化、天台綠化或牆面綠化，可以讓照射在建築物上的陽光，透過葉子的反射吸收、以及植物的蒸散作用而提高遮熱的效果。綠化時如果再搭配土壤的話，就能達到有效的隔熱效果。不過，現在市面上所販售的綠化產品，大多以方便建築物維修為優先考量，造成這些綠化架台等設施與建築物主體毫無一體性，建築外觀看起就像僅是安裝了綠化基材的構造體而已。由於多數的綠化部材都是必要的構造，在製造過程中會增加能源消耗，還會排出比實際綠化效果還高的二氧化碳。因此，還必須從其他綠化方式著手，例如直接在地面上栽種植物、以及用少量的土壤栽植盆栽，一方面減少建築物的載重負荷，一方面達到綠化效果。以下就來介紹幾種做法。

　　高綠籬是指高5公尺、寬1公尺左右的常綠闊葉樹，栽植成樹牆般的形狀，一般會設置在建築物西側的牆邊。至於樹種，要考量能具有反射率高、耐陰性要介於中等～耐陰之間、以及要有很好的耐修剪性，以小葉青岡、冬青科、厚皮香等較為適合（圖1）。

　　天蓋木是把樹冠修剪成可覆蓋平房屋頂、且沒有垂枝的樹形。只要能使葉子更加密集，然後修剪成如圖1的林冠狀即可。舉例來說，把室外機設置在樹木下，夏季時讓熱泵熱水器[1]排出的冷空氣滯留於此，降低周圍氣溫；而在冬天時，則是讓室內排出的暖氣滯留於此，提升附近的溫度。適合的樹種若是考慮要成形容易、具有一定大小的樹幅、以及葉子密度要高等條件，以三角楓、四照花、小葉青岡較為適合。

　　蔓性植物的附生方式可分成攀爬狀（附著型、卷附型、攀附型）、懸垂狀、匍匐狀等種類。在綠化牆面時，可以選擇攀爬狀的蔓性植物，使其延著牆面攀爬。不過，當外牆表面是屬於金屬板或瓷磚等材質時，會不利於攀爬，但只要以鋼索或網狀物等部材做成外張型的台架即可（圖2、3）。

譯注：
1.熱泵熱水器，是利用集熱泵收集空氣中的熱能加熱水溫的節能熱水系統。

◎圖1　以高綠籬或林冠樹來進行綠化

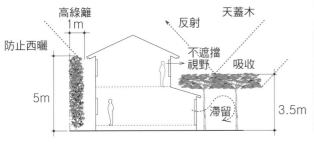

照片1
高綠籬

照片2
天蓋木

◎圖2　以蔓性植物綠化

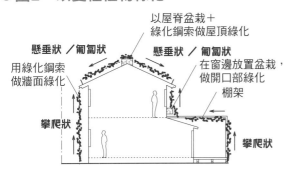

照片3
以鋼索做成的牆面綠化
（背景計畫研究所實驗庭院）

◎圖3　綠化牆面的鐵絲設計範例、以及挑選適當的樹木種類範例

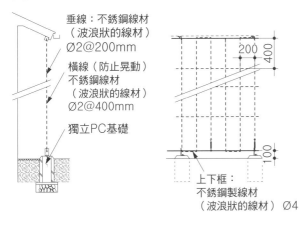

- ●適合以鋼索或網狀物綠化的卷附型蔓性植物
  常綠：卡羅萊納茉莉、金銀花、黃金絡石等
  落葉：南蛇藤、鐵線蓮類、西番蓮等
- ●適合直接攀爬外牆的附著型蔓性植物
  常綠：常春藤、薜荔、扶芳藤等
  落葉：爬牆虎、五葉地錦（美洲常春藤）、藤繡球等
- ●適合屋頂綠化等葡匐狀、懸垂狀的蔓性植物
  常綠：加拿列常春藤、絡石屬等
- ●不過，外牆必須要是適合蔓性植物攀爬的材質才行

- ●在樹木修剪成形、及牆面綠化方面，要特別注意下列的管理要點：
- ●將植物栽植在建築物旁邊時，因為落葉會阻塞屋頂的排水管，因此要將排水管設計成具有清除落葉的機能。
- ●平常在修剪成形時，只要修剪到計畫好的尺寸就可以了，在成樹後，一年實施一次大規模修剪即可。
- ●挑選天花板用的蔓性植物時，要特別注意，有些樹木的種類熟果實會掉落或滴下樹液而弄髒地面。
- ●除了在地面上栽種植物外，最好也一併設置灑水、澆水等裝置。
- ●為了因應生長不良、或為了要提升生長速度，建議不要只栽植一種樹木，最好是混合栽植多種樹木較好。

092

環境行動的定義
與六項環境行動

Point
- 環境行動是順應環境變化的行動
- 六項環境行動→涼爽、暖和、光線、視線、聲音、氣味

環境行動

環境行動是為了因應環境的變化，所採取的行動。

人類在感覺熱的時候，會將衣服脫掉；在感覺冷的時候，會多穿些衣服，以維持身體的體溫。狗與貓也有類似的行為，譬如說在夏天的時候會睡在背陰處或通風的走道上，在冬天時，會睡在陽光照射處、或捲曲在被爐裡取暖。最近有許多清掃活動、以及各式各樣的環保相關活動都被統稱為環境行動，基本上只要是基於動物的天性，順應自然隨著環境變化而改變的行動，都是環境行動的一種。

在生活中，除了溫度的調節外，也要多考量其他的環境行動。這些環境行動都是為了維持良好的居住環境，而在生活中下各種工夫，之後這些工夫逐漸發展成生活方式、成為文化的一部分。甚至進一步形成一種環境行動，就像新型空調系統現在已被廣泛使用一樣。

具代表性的六項環境行動

環境行動可以大致區分為六項（表1）。在這六項當中，又以「創造涼爽的空間」與「創造暖和的空間」這兩個與調節溫度相關的項目最具代表性。還有像「控制光線的來源」，也是從以前就一直持續進行的環境行動。

另外，從人們生活環境變得都市化來說，所引起的行動有「創造良好的視線」。例如為了迴避視線，會有拉下百葉窗等的行動；也有為了可以眺望遠方，把窗戶設置成開放空間的行動等。

至於「創造和諧的聲音」，除了會有隔離噪音的行動外，還有製造如音景（soundscape）一樣，親近大自然的聲音等行動。另外，「控制氣味的散發」也是動物原有的天性，無論是消臭或芳香的行動，都是日常生活中所孕育出來的行動，其中當然也有文化上的影響。

◎圖1 環境行動的範例

照片1
狗的環境行動
（夏天睡在玄關地板的瓷磚上）

照片2
狗的環境行動
（冬天捲曲地睡在門窗邊陽光照得到的地方）

照片3
具有噴霧裝置的公園
（日本北海道的札幌市モエレ沼
（Moerenuma）公園）

照片4
夏天豐年季時所放置的冰柱
（日本會津若松市）

◎圖2 六項環境行動

①創造涼爽的空間	穿著薄衣服、穿著木棉‧麻製的衣服、進入背陰處、打開窗戶、將竹簾垂下、灑水降溫、製作冰柱‧冰枕、使用團扇、扇子等。
②創造暖和的空間	尋找陽光照射的地方、穿著禦寒衣物、圍巾‧使用圍毯、藉由被爐‧火爐‧壁爐‧暖爐、熱水袋‧腳爐等取暖。
③控制光線的來源	採光：打開窗戶‧木板套窗（滑窗）‧窗簾‧百葉窗等。 調節光線：透過和室門‧隔扇‧窗簾‧百葉窗等來調節。 享受光線：反射水池（反射水盤）、彩繪玻璃等。
④創造良好的視線	遮蔽視線：格子窗、窗板、窗簾、百葉窗。 享受眺望：雪見障子（觀景用的特製和室門）、開放性建材等。
⑤創造和諧的聲音	隔音‧避開音源：關閉建材，隔離音源。 享受音樂：風鈴、日本鐘蟋（蟲籠）、鳥鳴（飼料台）。
⑥控制氣味的散發	消除氣味：芳香、消臭劑、焚香、通風等。 享受香氣：焚香‧香精油、栽植花‧柑橘類的植物。

093

尋求涼爽

Point
- 居住的環境行動從移動建具開始
- 追求涼爽就是「尋找」和「創造」的環境行動

吉田兼好法師曾經在《徒然草》第十五章中提到，「建造房屋時，應該建造適合夏天居住的房屋為主」。也就是說，雖然日本的冬季非常寒冷，但還是要建造成通風良好、能除去溼氣、符合夏季居住的住宅為主。蓋出只要移開雨戶（三層的落地式木板滑窗）、和障子（和室門）之類的建具，就可與戶外環境融為一體、能親近大自然的居住空間。像建造這種房屋的行為，本身也就是一種環境行動。

尋求涼爽的來源

天熱時自然會往樹蔭下躲，因為樹蔭不只是照不到陽光而已，還會隨著樹葉的蒸發作用而產生冷卻效果，給人更加涼爽的感受。在義大利的阿爾貝羅貝洛鎮，就是把密集並排的樹木葉子修剪成人工屋頂一般（圖1）做出涼爽又美觀的樹蔭。

另從樓上到樓下、甚至地下室，找出涼爽的空間。在上下樓層間沒有設置天花板隔層、直接在屋頂下方就是每個房間的箱子型房子，一到夏季室內的溫度就會偏高。而且室內的熱空氣很容易滯留在上層空間。所以，夏天或冬天時會長時間使用的寢室等，可能就有必要花工夫想想是否要換個房間住，會比較舒適。

製造涼爽的空間

開窗、垂下竹簾都是製造涼爽的方法。打開窗子、增加通風，可說是最方便的方式。若是能在窗外再垂下竹簾，遮擋陽光、製造出背陰處的話，涼爽的效果就會更好。

灑水降溫也能有涼爽的感受。灑水是指把水灑在庭院、道路等地方，當水產生汽化作用時，可以吸收地表熱，使溫度下降。在室內也可以採用這個原理，使室內溫度下降。最近很流行使用噴霧裝置來降溫，只要在室內噴放出微粒子的水氣，就可以讓室內的溫度下降了，這在一般都市設施裡都有使用。像灑水、製造冰柱等的降溫方式，都是自古以來為了減輕炎熱夏季的不適所累積出來的智慧，而灑水的景象也流露出濃濃的民俗感呢！（圖2）。

◎圖1　創造樹蔭－環保空間（綠建築）

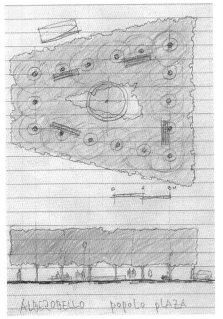

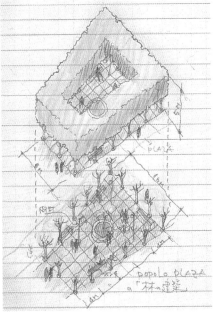

實測得等角投影圖（右）、與平面圖和剖面圖（左）：義大利阿爾貝羅貝洛鎮的綠蔭公園。

◎圖2　打開窗戶、灑水，引導微風進入室內的降溫範例

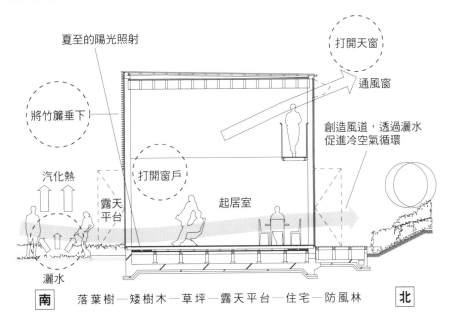

夏至的陽光照射

打開天窗

通風窗

將竹簾垂下

創造風道，透過灑水促進冷空氣循環

汽化熱

打開窗戶

起居室

露天平台

灑水

南　落葉樹─矮樹木─草坪─露天平台─住宅─防風林　北

從南到北，設計成這個順序的配置，就可以改善微氣候，使空氣容易流通。

相關連結▶087項目

094

尋求暖和

Point
- 混凝土或石頭有相當好的蓄熱效果
- 透過隔熱、蓄熱裝置製造暖和

日本住宅的建造，是以夏天能夠達到通風的標準為原則。相對於此，歐洲與韓國的住宅建造方式，則是以對抗冬天的寒冷為目的所設計的。日本的住宅，在冬季期間，為了禦寒會將隔間門窗通通關閉，使寒風無法入侵室內。至於在風雪嚴寒的區域，除了建造防雪籬笆外，人們幾乎都圍繞在室內的暖爐周圍取暖，以此為中心度過每一天。還有，在建築方面，若在緣廊的外側設置雨戶（三層的落地式木板滑窗）、拉窗的話，這個緣廊就會成為戶外空間與室內空間之間的空氣層，可有效達到隔熱的效果。

尋找暖和的來源

尋找暖和的來源，就像貓在寒冷的冬天裡，會在家中四處遊走，尋求溫暖的陽光照射處。由於冬季期間太陽位於正南方高度較低處，所以可以透過南側的窗戶有效地採集陽光。另外，像混凝土或石頭等材質，因為熱傳導率低，具有相當高的蓄熱效果，所以若在南側窗戶周圍，設置這種材質的建材，晚間就可以發揮輔助暖氣的效果（圖1）。

製造暖和的空間

隔熱、蓄熱…像羽絨外套之類的禦寒衣物，因為含有許多空氣，所以可以防止身體的熱量散失。在隔熱層的形成上，最重要的是設置一層空氣層，使空氣變成無法流通的狀態。也可以使用被爐、或熱水袋溫暖腳部的血管，當溫暖的血液在身體內循環流通時，就能夠達到提升體溫的效果。

與生活息息相關的暖氣裝置

壁爐或暖爐，是從人類生火取暖的行動延續下來的做法。當壁爐或暖爐溫暖了整個居住空間時，人們就會往這裡聚集，取暖的爐子有時還能兼具料理等功能，可說是與生活最密不可分的裝置。而像使用被爐、火盆、地板式暖氣機或桑拿浴（俗稱三溫暖）等，原本也是各個不同區域的人們因應環境所採取的環境行動，然後逐漸演變、發展而成的智慧結晶。

◎圖1　在家中尋找「涼爽的空間」與「緩和的空間」

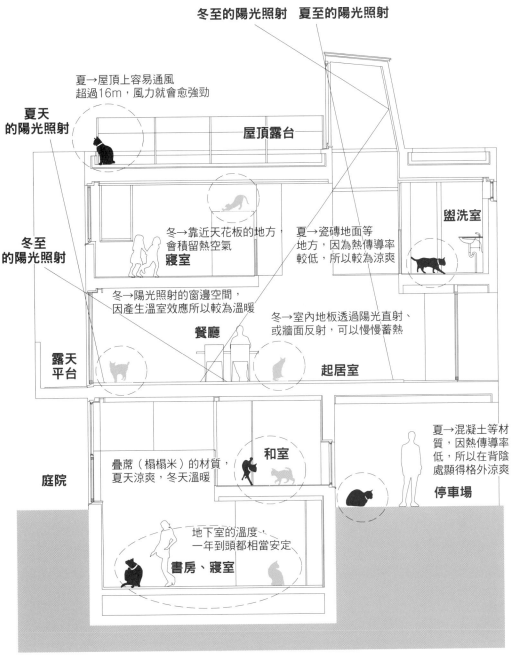

冬至的陽光照射　夏至的陽光照射

夏→屋頂上容易通風
超過16m，風力就會愈強勁

夏天
的陽光照射

屋頂露台

盥洗室

冬→靠近天花板的地方，
會積留熱空氣

寢室

夏→瓷磚地面等
地方，因為熱傳導率
較低，所以較為涼爽

冬至
的陽光照射

冬→陽光照射的窗邊空間，
因產生溫室效應所以較為溫暖

冬→室內地板透過陽光直射、
或牆面反射，可以慢慢蓄熱

餐廳

露天
平台

起居室

疊蓆（榻榻米）的材質，
夏天涼爽，冬天溫暖

和室

夏→混凝土等材
質，因熱傳導率
低，所以在背陰
處顯得格外涼爽

庭院

停車場

地下室的溫度，
一年到頭都相當安定

書房、寢室

・黑貓的圖示，代表尋找「涼爽空間」的圖示

・白貓的圖示，代表尋找「暖和空間」的圖示

095

控制光線的來源

Point

- 日本是以操作建具來控制空間內的光線
- 控制光線的環境行動，就是「享受光線」的行動

　　早晨醒來時，最重要的事就是先拉開窗簾，讓頭腦與身體完全清醒。

　　沐浴在早晨的陽光裡，可以使生理時鐘調整在正確的步調上。像這樣尋求光線的行動，對人類而言也是一種環境行動。也就是要在居住環境裡控制各種光線和生活上的採光方法（圖1）。

控制光線的來源

　　在採光的環境行動中，一般最常見的就是打開雨戶（三層式的木板滑窗）與窗戶、或者拉開窗子上的窗簾、百葉窗等行為。寢室可選用遮光窗簾等，來控制睡眠與醒來的光線亮度，當需要微亮光線時，也可選用像和室門、隔扇等建具。這些建具可說都是因應環境行動需求用來控制光線用的。

　　另外，像是百葉窗或捲簾，是透過上下方向的調整來控制光線的採光量，

做為日照的調光裝置上相當有效。

享受光線

　　在人類的環境行動中，除了維持生命必要的體溫調整、提供足夠的生活機能外，還包括了豐富生活環境、與居住環境的內含。這一點與動物的環境行動有著顯著差異。

　　譬如為了把庭院裡水池所反射的太陽光移入室內天花板的反射水盤（又稱反射水池）、或是要把雪地反射的光線透過雪見障子（有一部分裝上透明玻璃的和式門）延入室內，都是在補強室內採光的機能上所添加的趣味與享受。（照片1、2）。

　　另外，谷崎潤一郎[2]在《陰翳禮讚》中提到，喜歡注視微弱的光線在漆器上游移的樣子，這也是享受環境行動的一種表現。

譯注：
2.谷崎潤一郎（TANIZAKI JUNNICHIROU，1886～1965），日本小說家。曾獲得諾貝爾文學獎的提名，被日本文學界推崇為唯美派大師，代表作有《春琴抄》、《細雪》。

◎圖1　在建築物裡控制光線

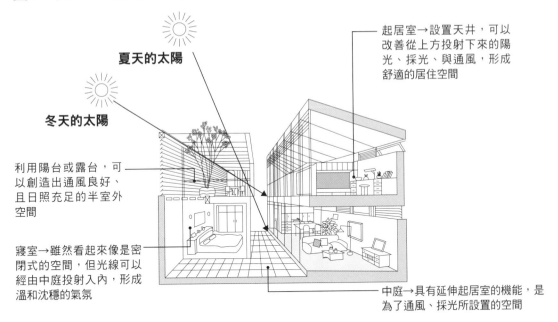

夏天的太陽

冬天的太陽

起居室→設置天井，可以改善從上方投射下來的陽光、採光、與通風，形成舒適的居住空間

利用陽台或露台，可以創造出通風良好、且日照充足的半室外空間

寢室→雖然看起來像是密閉式的空間，但光線可以經由中庭投射入內，形成溫和沈穩的氣氛

中庭→具有延伸起居室的機能，是為了通風、採光所設置的空間

在南側的下方，配置照射不到陽光的寢室，但必須確保中庭等公共區域採光充足（剖面圖），還要可清楚分辨出冬天與夏天陽光照射的角度。

◎圖2　控制開口部分的光線

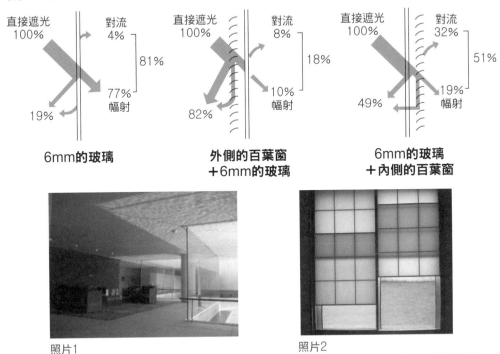

| 直接遮光 100% | 對流 4% | |
| 81% |
| 19% | 77% 幅射 |

6mm的玻璃

| 直接遮光 100% | 對流 8% | |
| 18% |
| 82% | 10% 幅射 |

外側的百葉窗＋6mm的玻璃

| 直接遮光 100% | 對流 32% | |
| 51% |
| 49% | 19% 幅射 |

6mm的玻璃＋內側的百葉窗

照片1
反射水盤（反射水池）

照片2
雪見障子（一部分裝有玻璃的和室門）

096

創造良好的視線

Point
- 尋求適合眺望的場所是一種人類本能
- 所有畫面都能成為眺望的對象

　　關於人類為什麼會尋求眺望的好場所，雖然並不清楚，但相信大家一定都有過類似的經驗，因此這也可說是人類最基本的本能之一。名勝景點、或展望台長久以來人潮始終絡繹不絕是不爭的事實，甚至在法律上還有規定像「眺望權」（具有欣賞良好景觀的權利）的法規，這些就足以說明，可以眺望的好場所有多麼地重要。

　　用字典查「眺望」一詞時，會得到「悠閒地欣賞遼闊景色」、「專心思考時不經意地看著遠方發呆」的解釋，那是與客觀分析對象物的凝視截然不同、隱含著微妙意涵、了然於心的體會。一般提到「眺望」時，雖然通常都會聯想到「從小處的高點眺望遼闊風景」的畫面，但如果從這個詞的本質思考的話，所指的應該是在日常生活中表現出的「悠閒地」、「不經意地發呆」等時間經驗。例如，可以悠閒、發呆地看著庭

院的緣廊，就是一個適合眺望的好場所；或是在展覽會之類的場所，站在喜歡的畫作前，出神地望著畫作等，這些事情就算是偶發的，也都算是眺望的好場所。

　　相同的道理，日常的生活場景也一樣，隨著不同的呈現方式，也都值得好好欣賞、眺望。譬如說，家庭裡的大型電視機，就可看做是為了人眺望「風景」的需求，而以人工製造出具有此種功能的機器。

　　另外，季節、時段或心情不同時，想要眺望的景色也會有所改變。在日常生活中，藉由準備數種「適合眺望的好場所」，或許還可以成為投入環境行動的誘因也說不一定

　　所有的畫面，都可以做為眺望的風景。只要意識到自己居住場所的視線對象，開始著手規劃理想中的眺望方式，製造出吸引人眺望的場所就能具體地實現出來。（圖1）。

◎圖1 「視野良好的場所」範例

照片1
展望台的範例
（位於日本京都市左京區的詩仙堂）

照片2
睡在吊床上仰望天空。

照片3
觀賞庭院
（位於日本京都市左京區的詩仙堂）

照片4
電視可能也是用來滿足眺望的
裝置。

照片5
將開口部區隔成露天的半戶外
空間，也可以創造出不同的眺
望感受。

創造和諧的聲音

- 「特意安排的聲音」是愉悅和諧的聲音
- 吸音功能會影響到聲音給人的舒服感

舒服的聲音有三大要素

在日常生活的環境中，無論是否刻意地聆聽，身邊總會存在著各式各樣的聲音。如果聲音聽起來是令人愉悅的，可能會讓人想停下腳步聆聽一番，反之，若是刺耳難聽的，就會加快腳步快速離開。可見「舒服悅耳的聲音」與「刺耳難聽的的聲音（噪音）」是兩種極端，對環境的影響不可小看。

一般來說，令人舒服的聲音會有著適當的音色（聲音的種類）、適當的音量、和適當的響度這三項特色，而且聲音與環境之間會呈現融為一體的狀態。

聲音的種類

聲音的種類可以簡單地分成四類，透過這樣的分類，就能把聲音給人的舒服感程度繪製成簡單明瞭的象限圖。包括了像小鳥的鳴叫聲、風聲之類的「自然音」；汽車、洗衣機之類的「機械音」，這兩種聲音是與自然音完全相反的聲音；介於這兩者之間則是有我們人類所發出的聲音，其中還可以大致分成會話、腳步聲之類的「生活音」、與風鈴、音樂之類的「特意安排的聲音」。關於「特意安排的聲音」這一類，算是比較特殊的，一般都比較偏向愉悅和諧的聲音。不過，「自然音」與「生活音」、以及部分的「機械音」，也被分類在愉悅和諧的聲音裡（圖1）。

音量、以及響度

無論是哪一種聲音，只要音量過大，就會令人感到不快。所以，適當的音量是重要關鍵之一。

像音樂廳等場所，為了控制餘音，牆壁或天花板等部位，都設置有反射或吸音機能的建材。透過抑制聲音從牆壁反彈回來，避免產生雜音，才能得出明瞭的聲音。

若要實現這般讓人舒服的聲音感受，某一程度地藉助吸音材料是有必要的。不只透過牆壁、天花板表面的裝潢材料，在窗簾、家具的配置上多加留意，應該就能帶來好的聲音效果（圖2）。

◎圖1 關於聲音種類的象限圖

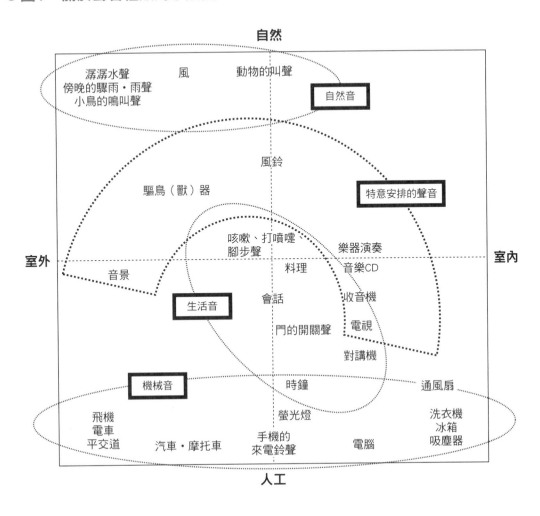

自然

潺潺水聲　　　風　　　動物的叫聲
傍晚的驟雨‧雨聲
小鳥的鳴叫聲　　　　　　　　　自然音

風鈴

驅鳥（獸）器　　　　　　　　　特意安排的聲音

咳嗽、打噴嚏、　　　樂器演奏
腳步聲
　　　　　　料理　　音樂CD

室外　　　　　　　　　　　　　　　　　　**室內**

音景　　　　　　　　　　　　收音機

　　　生活音　　　　會話　　　電視

門的開關聲

對講機

機械音　　　　　時鐘　　　　　通風扇

飛機　　　　　　螢光燈　　　　洗衣機
電車　　　　　　　　　　　　　冰箱
平交道　汽車‧摩托車　手機的　　電腦　吸塵器
　　　　　　　　　來電鈴聲

人工

◎圖2　在牆面上施加吸音材料，可以調整音場

照片1
家庭劇院的範例

照片2
視聽教室的範例

Column 泰國少數民族的低碳社會生活型態，似乎只能維持到現在了

　　全球人民所關心的地球暖化問題，已成為二十一世紀最重要的課題。據說地球的溫度只要上升2°，海平面的高度就會跟著上升，接著就會淹沒一些地勢較低的陸地，或者產生異常氣象，造成颱風或海嘯；至於內陸地區，則會頻繁地發生像沙漠化等的自然災害。這些現象已經嚴重危害到住在地球上的人類了。因此，為了讓未來的孩子與子孫們，能繼續生存在這個具有豐富資源的地球上，目前唯一的解決方法就是以實現低碳社會為目標，減少地球負擔。

　　從古至今，我們為了追求日常生活上的便利性與舒適度，一直理所當然地消耗大量的資源、能源。但是，地球上的資源相當有限，並不能夠讓我們這樣自私地一味消耗。但卻也讓人不禁想問，享受著地球的恩惠，住在文明國家的我們，到底要過什麼樣的生活才恰當呢？

　　我在近二十年間，有許多機會去開發中國家體驗他們的生活，當我造訪了一些少數民族的村落時，看到他們安分守己地過著自給自足的日常生活，當下的這個景象，不但讓我印象深刻，還帶給我相當多的啟示。

　　我帶著睡袋住進村民的家中，與村落的人們一同生活。雖然只是短暫的模擬體驗，但我從旁所觀察、了解到的村民日常生活，不是一般的旅行者可以體驗到的。

　　例如，在泰國北部拉胡族（Lahu）的村落中，天還沒亮，就聽到雞豬的叫聲從架高型的地板下面傳來。村民們一大清早就到田裡開始種田，或者在露台、壁爐旁烹煮食物。以前，女性的工作是到河邊汲水，但近年來因為獲得國家與NGO（非政府組織，Non-Governmental Organization）的援助，已設置了簡易的水道，所以不用再做這種勞力的工作了。

　　雖然料理食物時，仍是以燒材的方式來烹煮，但透過國家的援助，現在已經可以使用太陽能發電來供給電力，點亮電燈。

　　而且，因為道路經過整備後變得較為便利，所以村民不但可以外出到城鎮工作，家裡也放置了電視或卡帶式收錄音機等家電，就連街道上也開始出現卡車與摩托車的蹤跡了。以前村民都以山田燒墾（游耕，傳統農業型態）為主業，規矩地遵守泛靈信仰（萬物有靈論），但現在已經開始致力於外出工作，或開始栽培經濟作物。由此可見，拉胡族（Lahu）固有的民族文化，已經隨著基督教的普及而漸漸改變了。

　　引進了便利又舒適的現代文明後，改變了他們的文化及生活習慣，雖然村民們本身依然對文明存在著許多疑惑，但仍然步上了我們的後塵，與低碳社會的生活型態也恐怕要漸行漸遠了。

太陽能板、機車、拋物形天線等各種近代的科技產物逐漸進駐泰國境內。

8 環保知識

製作環境檢查表

Point

· 環保建築從了解建築用地與周邊環境的關係開始做起

往昔以來，日本的家屋都是順應著環境變化，發展出有彈性的對應方法。如果寒冷到嚴冽刺骨的話，會在建築物的外牆再鋪上一層稻草來保暖；酷熱的夏天，則會以較深的屋簷和竹簾來隔熱。也會向著海風吹拂的方向裝設窗戶，白天時把窗打開引風進屋來；若是房子緊鄰著隔壁鄰居，也會設計天窗、或中庭來採光。很自然地，人們就會形成與土地環境相結合的生活方式。

但是很極端的是，近年來人們完全被機器設備迷惑，就在我們進入「按一個鍵就能解決」的生活方式時，也完全遺忘了大自然為何物，彷彿那是遙遠的過去一樣。所以面對環境問題時，即使緩不濟急，解決對策也同樣被寄託在機械性能的開發上。

但這樣真的是好事嗎？何不向從前的人學習，仔細觀察用地、或周邊的自然環境，再把符合土地特性的做法運在生活中，試試看用這樣的方式改善環境呢？

首先，要先取得日照、氣溫、溼度、降雨量等資訊，接著再分析建築用地的土質、地形、植物、水路等條件，至於相互消長的風，則可以向附近鄰居打聽，這部分也是非常重要的。

就是這樣，將環境因素一項一項細條列出，製作成環境檢查表（表1），就能大概了解截至目前這塊用地環境的整體樣貌。也可以看出與其他外部因素之間的關係、以及用地內最重要的環境因素為何。冬天的寒冷程度、或夏天時風吹的方向等，這塊土地特有的特性，也應該能透過這張檢查表明確地呈現出來。

這樣一來，到目前為止，不管是要蓋開放型住宅、或封閉型住宅，往往都是根據住戶、或建築師的主觀判斷來決定的情形，也可以減少。以這張檢查表上所列的項目為基準，在考量、符合住戶的生活方式之下，再來判斷看看以自然力為主、還是倚賴機器設備會是怎樣的情形。

◎ 表1　環境因素的檢查表※

環境因素	調查內容	備註
日照量	年平均＿＿kwh／1日（電的計量單位「度」，即1千瓦／小時）、夏＿＿kwh／1日、冬＿＿kwh／1日	
氣溫	年平均＿＿℃，夏＿＿℃、冬＿＿℃	
太陽方位	春秋時＿＿°～＿＿°、夏＿＿°～＿＿°、冬＿＿°～＿＿°	日出、日落的方位
太陽高度	春秋時＿＿°～＿＿°、夏＿＿°～＿＿°、冬＿＿°～＿＿°	太陽在正南方時的高度
風向	年週期（季節風），夏＿＿、冬＿＿	
	日週期（海陸風），白天＿＿、晚上＿＿	包含山谷風
	暫時性（颱風等）	
	微氣候的風，綠地、水池、小巷、風道	在基地圖上標示位置
溼度	年平均＿＿℃，夏＿＿℃、冬＿＿℃	
降雨量	1年期間＿＿mm	
積雪量	1年期間＿＿mm	
水源	井水、水道、水池、水坑、水路	在基地圖上標示位置
土質	溼／乾土、硬／軟土、其他（　　　　）	同上
土地種類	砂地、礫石地、腐葉土壤、酸／鹼性土	同上
地形	高低差：有、無（　～　）、填土、挖土、起伏	同上
植物	高、中、低、木、草地、落葉喬木／常綠喬木	同上
大氣污染		鄰近道路的狀況
噪音		同上
鄰棟間隔		在基地圖上標示位置
生活方式		
生活哲學		
身障者的情況		

原注：
※夏或冬季時，選擇8月與2月這兩個時期來測量，會比選擇夏至與冬至還來得精確。

099

土壤的實地調查

Point
- 區分住宅用地與林業用地的適當性
- 山坡地應該要順應山坡地的特性來使用

　　關於建築用地的土壤，是屬於硬土或軟土、乾土或溼土，有無起伏或者是平地，以及是腐葉土還是砂地等，都是目視就能看出來的。檢視這些土壤是分布在建築用地的哪一個區域後，先標示在基地圖上，再進一步詳細調查（圖1）。

　　一般而言，建築用地所在位置的地基必須是穩固的，而且為了讓建材不易腐朽，又以硬實乾燥的土質為宜，地形最好也是平坦的。

　　但是，適合樹木生長的土壤條件應是通氣性、含水和排水性都良好、像是飽含了空氣一般的柔軟度，還要有微量的溼氣才行。地形上，最好是有起伏、表面凹凸不平的土地，像這樣有利於保持生物多樣性的環境，才是適合樹生長的條件。

　　但如此一來，適合蓋建築物的用地條件、與植物的生育條件剛好相反，那麼房屋要蓋在哪一個區域才好呢，其實只要查看土壤的野外記載簿（圖1），就可以一目了然了。

　　例如像圖1那樣的情形，建築的適合用地會是在右邊靠近北側的地方，這塊區域也涵蓋了部分適合做為溼地、栽種植被的地方。這時，如果改造地基，以底層架空的方式建造的話，也可以考慮蓋成座南朝北的房子。總之，不管建造方式如何，都希望盡可能維持樹與土的保水力，畢竟這才是緩和熱島現象與減少二氧化碳的兩張王牌。

山坡地的維護

　　在土地的利用當中，最忌諱的是不斷重覆挖土與填土造成地形傾斜（圖2）。這做法不但造成山坡地的植物失去連續性，也會阻斷水路通道，造成生態的嚴重破壞。經挖掘後失去表土層的土壤，樹木會很不容易生長。栽植樹木不僅根部可以保持雨水，枝葉還能緩和日照和風雨落下的力道。種樹有這麼多好處，庭院若是光凸凸沒有植物的話，實在很難想像那是什麼模樣。

　　由此可知，建築的技術除了要避免不均勻沈陷（地層下陷）的問題，也企圖能同時維護綠色坡地（綠坡），盡到環保上的責任。

◎圖1 土壤的野外記載簿

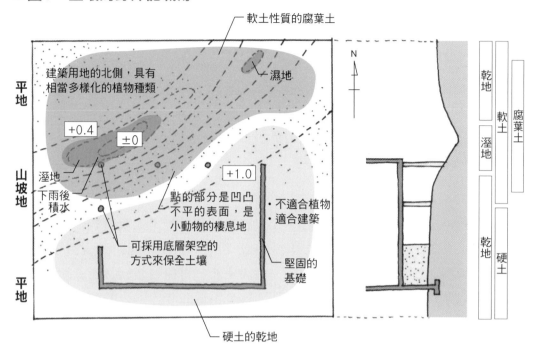

◎圖2 採用底層架空的方式來保全山坡地

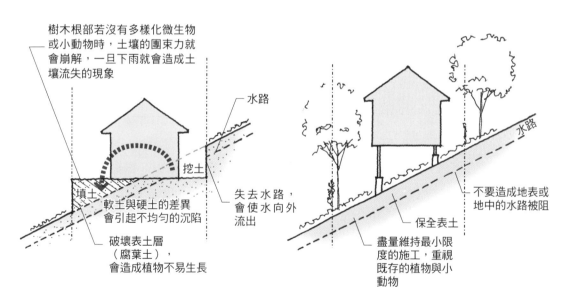

100

重新使用地熱

Point

• 地熱依據深度不同而有所差異，可以巧妙利用這種差異

　　嚴寒地區的民家，會直接把稻草鋪在土間（露出土表的室內地板）上做成寬廣的房間，稱為「土座」。不用說，這正是為了抵禦寒冷所設計的。室內如果是架高的地板，地板下方的冷空氣會在室內對流使室內溫度變冷，蓋成土座的話就不會產生對流，還能從土間享受地熱的溫暖。

　　在地面下約30公分深左右的土壤，一整天都可以維持一定的溫度（圖1）。因此，在土穴式住宅（earth shelter）（圖3）或是綠化屋頂利用這種土壤特性時，若覆土厚度少於30公分，效果也就相當有限。而且，在地面下約5公尺深的地方，呈現出的溫度相當於地表半年前的氣溫。這也就是為什麼在地底下，夏天與冬天溫度會逆轉的原因。寒冷的地方便是利用這樣的地底特性，將夏天的集熱留在冬天使用（圖2）。

　　日本的歷史也曾記載，一般愛努人（北海道的原住民）的住屋，即使在夏天時爐火也從不熄滅。就像前面提到的，寒冷地方的民家會在土座地面上直接設置一塊方形的地爐，在夏天時點火，據

說是為怕蟲蛀的茅草屋驅蟲，而在冬天時點火還可以集熱。愛努人的住屋長年爐火不滅，可能也是同樣的作用。附帶一提，地爐在夏天點火的話還可以產生空氣對流，具有把夜晚戶外涼爽空氣引進室內的效果。

　　現代的住宅還適合讓這樣的地熱重生嗎？在考量眼前的溼氣問題下，多會採用將地板增高50公分左右的做法。思考這個問題時，得同時考量所在的場所合不合適之外，也要從環境條件加以考量才行。

　　例如繩文時代的豎穴式住居，就是地板設在地面下數十公分的地坑式房屋，源自於中國的窯洞，據說像這樣把住家埋在地底的做法，在全世界還不少呢。

　　現代，如果只把房屋開口部以外的部分埋入地面的地球住宅來看的話（圖3），會發現這種建築的熱慣性週期相當長，效果甚至可持續數個月之久。

　　也就是說，這種建築可以把夏天到秋天蓄存的熱，留待冬天釋放出來，同樣也能讓冬天的寒氣出現在夏天。

◎圖1　土壤的溫度變化

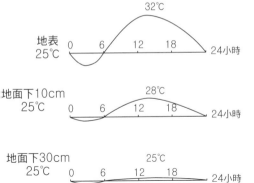

地表
25℃
0　6　12　18　24小時
32℃

地面下10cm
25℃
0　6　12　18　24小時
28℃

地面下30cm
25℃
0　6　12　18　24小時
25℃

地面下30cm左右的溫度，一整天都沒有太大變化。

◎圖2　氣溫與地中溫度在一年期間的變動幅度（日本的旭川氣象台）

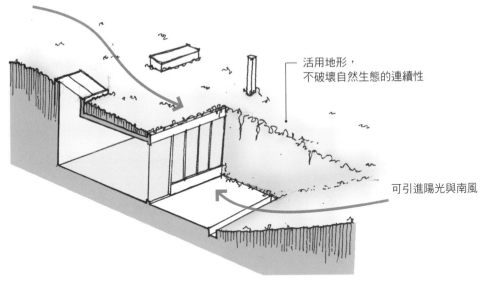

（℃）

25
20
15
10
5
0
−5
−10

−5m
−50cm
氣溫

1944年　　1945年　　1946年
1月　　7月　　1月　　7月　　1月

地下5m的地方，
冬天和夏天的地溫與地上溫度剛好相反。

◎圖3　地球住宅模型圖

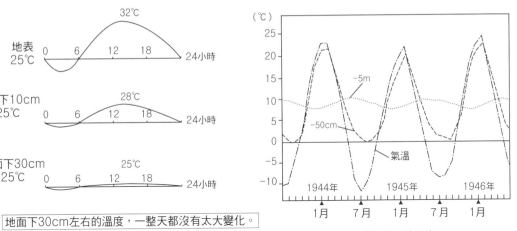

防止北風吹襲
透過地熱可確保隔熱性與保溫性

活用地形，
不破壞自然生態的連續性

可引進陽光與南風

101

土是環境的優等生

Point

• 土有一舉三得的魅力。只要當成建材使用，就可以兼得三種效果

建築開始施工時，首先遇到的就是剩餘土石方（棄土）的問題。開挖基礎必須將挖出的土運到土石方資源堆置處理場才行。但如果土可以當做建材再利用的話，不但可以省下交通運輸的燃料費，也不用擔心處理過程中會排出二氧化碳與硫氧化物。而且，還不會產生任何廢棄物，這樣一來就能成為對環境友善的良品了。

土用在建材上，隔熱和調節溼氣的機能都相當好。與外部空氣會隨環境變化相比，土是一種可以反覆放熱、吸熱、放溼、吸溼的建材，可讓用土建造的室內環境相對保持穩定的溫度。況且，不需要材料費、也不需運費，如果能讓使用的運轉成本也降低的話，真可謂一舉三得。

最近的環境評估是以生產、搬運、施工、維護、解體，一直到回收再利用的週期中所排出的二氧化碳總和，來判斷是否符合環保基準。而土在這週期中的不管哪個環節上都是優等生。

就建造土牆需要的土來說，在絕大多數的情況下，使用建築用地內的土就相當足夠了。只有一個問題是，使用前必須先經過養土，大約用一個冬天的時間讓土安置休息。所以，在進行挖地基的施工前，預先確保好養土的場所和時間，基本上不會有太大問題。

放眼世界，無論是把黏土塑型曬乾做成的土磚、或是把土夯實的版築工法、以及日本的土牆做法等，先人的住居全都是用土建造的。土可以說是打造一個家最普通不過的知識了。

順此脈絡可知，土還可以打造牆壁與地板、鋪設屋頂、砌成土牆等，所有的空間都能用土做成。

在這裡，也要介紹一下圖1所載的夯土工法中的搗實黏土法。夯土是版築工法的一種，因為與RC造一樣都會使用鋼鐵，所以耐震力相當好，應該很值得地震頻繁的日本好好學習。因為不管要用來做什麼，土永遠都是可以隨時供應的永續建材。

◎圖1 夯土工法中的搗實黏土工法

從厚重牆壁傳來土的溫熱觸感。棚架上栽植爬牆虎，很快的就能在土壁上扎根生長。

大衛・阿斯頓（夯土工坊的建造者和創始人）的自宅

與傳統的夯土工法不同，使用的是補強鋼筋與單面的模具。這個工法可以提升耐震性。
①先以高壓管將混入少量水泥的泥土澆灌入單面的模具上，②然後再把泥土表面垂直抹平後，就完成牆面的製造了。

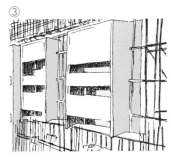

③預先在建築物的開口部放上木框，維持開口部的暢通。

④還有另一種施工方法是，先將隔熱材料置於中央部分，然後組合補強鋼筋，再從兩端澆灌入泥土。

102

捕捉風

Point

• 有許多因素都會產生風。所以首先得要了解各種因素的差異

風是相當反覆無常的天然能源。

風會從各種場所、從各種方向，選好時間和地點吹過來，有時還會挾帶冷空氣或溼氣、或是夾雜著聲音、味道。

看似變化無常的風，仔細觀察後也可以分成以下五種：

首先是以一年為週期吹的風。例如日本的關東地區稱為「赤城強降風（赤城オロシ）」、或「乾風」（從山上吹下來的強風），都是冬天固定從西北方吹來的季風。

接著，以一日為週期吹的風。這種風稱為海陸風，白天從海上吹向陸地，夜晚則由陸地吹向海面。以日本東京為例，白天是由南方吹向東方，而大阪則是由西方的海吹向陸地。

第三種風是因為鄰近的樹林或行道樹、與日照充足的周邊形成溫度差而產生的風，也是造成微氣候的風。

第四種風則是空氣流經建築物之間或狹小道路所形成的巷風。

至於最後一種風，是臨時產生的風，譬如颱風或突然颳起的暴風等。

每一種風與風都是一面相互消長，一面吹向建築用地。例如當颱風與其他的風結合時，威力會增強，有時則會受到地形的破壞而減弱。這就是天氣預報很難準確掌握本地風的原因。要認識風，首先要把風的五種分類熟記腦海中，然後向住戶或附近鄰居仔細打聽，再把風的種類、風量、風向等記錄到基地圖內存檔起來。如此一來，就能從風的樣貌判斷是當地固有的風、還是一時興起的風，分辨出可使用風的優先順序，這也是利用風資源的第一步。

◎圖1　海陸（山谷）風的結構

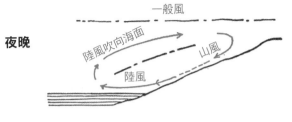

夜晚

一般風

陸風吹向海面

山風

陸風

夜晚時，因為受到海水溫度較溫暖的影響，海面空氣也會變得溫暖，而山上的空氣冷卻較快，所以冷空氣會從陸地吹向海面上。

陸（山）風

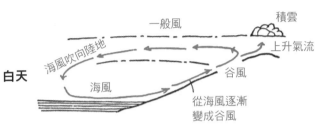

白天

一般風

積雲

上升氣流

海風吹向陸地

谷風

海風

從海風逐漸變成谷風

白天時，海面上的空氣不易變暖，而山上的空氣升溫較快，所以風會從海上吹向陸地。

海（谷）風

出處：《風的世界》吉野正敏 著／東京大學出版會

◎圖2　藏風得水的地形與風

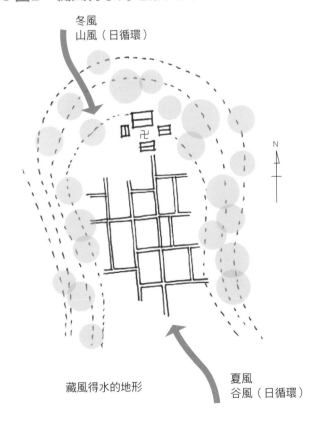

冬風
山風（日循環）

N

藏風得水的地形

夏風
谷風（日循環）

三方被山包圍、開口朝南的地形，就是風水上所說的藏風得水之地。

開口向南，日照良好。這種地形冬天可避開山上吹來的寒風，夏天還能引進海上吹來的涼風。

以一天來看，晚上既有山風往下吹、白天也有往上吹的谷風，是相當理想的居住環境。

103

風的實地調查

Point

• 風會改變風向，從各個角度吹來。想要確切了解風向，就要進行實地調查

現在就來做風的實地調查。步行的範圍僅限建築用地周邊，就花一天時間，開始進行調查吧！

首先，感受到的會是早晨的北風，白天在下午兩點左右，風向會從東風轉變成南風。造成風向改變的原因，是因為受到東南方東京灣的海風影響。晚上有從陸地吹來的北風、白天則是由海上吹向陸地的風，統稱為海陸風。大阪的民家之所以要座東朝西，也是為了要在白天引進大阪灣吹來的風。

風的現象也可能因池塘或河川而引起。可以試著去附近的水池察訪看看。說不定那附近的水池會產生風，進而影響到建築用地也說不定。

接著請察訪建築用地附近的森林。樹林密集分布時，會從樹蔭或葉子凝結霧滴形成樹雨（凍雨），給人涼爽的感覺。這種涼意會生成風，可能會循著屋敷林（在住宅四周種植的防風樹）或行道樹來到建築用地。就像所說的風道那樣，透過建築用地上栽植的樹木與風形

成聯繫，就可以把風招過來。此外，住宅密集的地方也會產生巷風。只要巷子裡種樹，就能讓空氣降溫增加涼爽感，而達到意想不到的效果。

如果去觀察以前的房屋構造，就會懂得前人因應自然的智慧。例如，把樹木並排種植形成抱擁林，可以測知冬天強風吹入的路徑。或是看見一面做成山牆、其他面做成斜坡的奇怪屋頂時，如果把這樣的屋頂翻轉過來想想看，會發現看起來就像一艘小船一樣。會受到水流衝擊的船首，就像斜坡面的形狀，而山牆那一面就如同船尾。也就是把風視為水流一樣，用屋頂的斜坡面承受強風的吹襲。

最後，把在建築用地附近實地調查的結果標示在地圖上。透過地圖，哪些風會產生影響、哪些不會就能一目了然。這與從書本得到的知識不同，而以身體實際感受到的風才是最真實的。真實的風，也才是運用風的計畫中最強的武器。

◎圖1　風的野外記載簿

照片1
守護當地的神社。

照片2
屋敷林。從舊房屋的建築方式可以了解風力與風向。

照片3
小巷。從一般道路進到綠蔭盎然的小巷時，會有舒適涼爽的感覺。

從神社附近的樹林或屋敷林的樹林中，可以產生冷空氣

冬天的冬風是由西北方吹來

守護當地的神社

屋敷林 欅木

風道

風道

小巷風

小巷弄

建築用地

街道路樹

海陸風從東南方吹來

白天的風

池塘

因為白天水面的氣溫比陸地還低，所以風會吹向陸地。

照片4
這顆大樹可以招風，讓風吹向建築用地內。

照片5
路樹。在帶狀綠地的周圍，氣溫會比一般道路還低。

104

風是可被製造的

Point

• 只要製造冷空氣與熱空氣的差異，就能產生風

你知道風是可以被製造出來的嗎？

因為冷空氣有往溫暖地方流動的特性。所以只要在住宅的某個地方製造冷空氣，空氣就會流向南邊庭院的溫暖處，形成風。

在酷暑的夏天，當太陽從東方往西方移動時，會在建築物的周圍形成影子，早晨時影子在建築物的西側，白天影子由西側移向北側，傍晚時影子會來到東側。當影子形成時，氣溫也會比較低。若在這些地方栽植樹木，還可以透過樹木的蒸散作用，從樹葉散發出許多水蒸氣，製造出更涼爽的空氣。當藏在樹蔭下的冷空氣，從窗戶吹進房間，往南方的庭院流動（圖1），就會形成一道不經意的微風。

日本的木工師傅經常講的「抜け（nuke）」這個詞，並不是單純地從房間打通兩個視線可穿透的方向而已，有一部分也是為了要貫通建築物內的風道。

在連棟的街屋設置中庭，也是想利用圍繞四周的建築物所產生的影子來製造冷空氣，冷空氣可穿透屋內再往溫暖的南庭移動。這種建造方式相當適合蓋在狹小土地、周圍沒有空地的建築物使用，而且這也是自古流傳下來的連棟街屋的建造常識（圖2）。

另外，還有一個可以製造風的方法，那就是利用熱空氣上升的特性。

前人花工夫設計出竹地板、地板通風口等，把地板下的冷空氣吸上來送入室內，再經由氣窗、天井、高窗、煙囪等通道排放到室外。相反地，在寒冷的冬天為了阻擋寒風從風道進入室內，會以豎板將開口部遮蓋住，還會把家具移到有窗戶的地方來阻擋寒風，或是將氣窗設置成可開關式的夾層等等。

像這樣能製造風的流動、也能阻擋風的做法，都是居民長久以來持續不斷使用的方式，這些從日常習慣中就能獲得的居住常識，我們也應該多加了解（圖3）。

◎圖1　微氣候所創造的徐徐微風

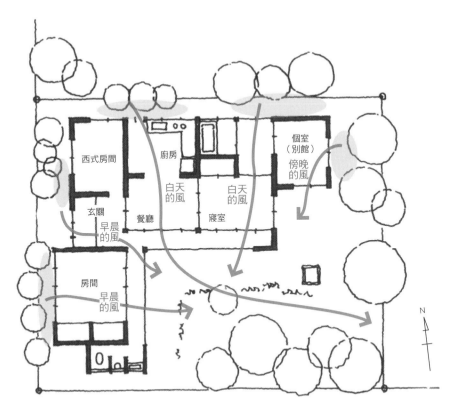

西式房間

廚房

個室
（別館）

傍晚
的風

白天
的風

白天
的風

玄關

餐廳

寢室

早晨
的風

房間

早晨
的風

N

◎圖2　從中庭產生的風

冷空氣

熱空氣

中庭

南方的庭院

在變暖的南邊庭院換產生熱空氣上升氣
流、以及些微的氣壓下降。因為氣壓的
改變，引動中庭的冷空氣向這裡移動。

◎圖3　利用熱空氣上升的特性建造的房屋模型

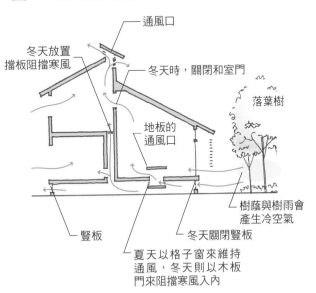

通風口

冬天放置
擋板阻擋寒風

冬天時，關閉和室門

落葉樹

地板的
通風口

豎板

冬天關閉豎板

樹蔭與樹雨會
產生冷空氣

夏天以格子窗來維持
通風，冬天則以木板
門來阻擋寒風入內

105

調整溫度要一併考量
集熱・蓄熱・隔熱

Point

- 日照多寡可以窗戶大小決定
- 太陽能發電也是依照日照量而決定

當太陽直接照射時，因為太陽光具有輻射熱的關係，所以感受到的溫暖度會比實際氣溫還要高。另外，日本在鄰近太平洋沿海地區的房子，即使設置大窗戶，在冬天也能享受日光浴的樂趣，但是在日本海沿海地區的房子就不利於如此設置了，因為透過窗戶產生的熱損失，會遠比獲得的熱能還要多。

會出現這樣的差異，是因為日照量會隨著地區與季節的不同而改變（表1）。以環保住宅的觀點來說，要安裝多大的窗戶需以冬天的日照量來決定，此外，太陽能發電量也是依日照量而定，所以最好能先了解建築用地的日照量資訊比較好。

但如果要將白天收集到的熱能，有效率地移到晚上使用，這就得多花點心思才行。由於一般熱容量大的素材，都具有不易升溫、不易冷卻的特性，在提高溫度時會產生時間差。因此便可利用這樣的特性，在陽光照射的地面或牆壁上，

考慮使用像土壤、混凝土※、水之類熱容量較大的素材，白天利用這些素材蓄熱，到了晚上再把熱能釋放出來（圖1）。

另外，用土來鋪設客廳地板，這對一般人來說可能會覺得不可思議，但這可是日本自古流傳下來的技法。只要施工周全，即使是土做的地板，平常也不會弄髒衣服。而且這種地板除了冬天有一定的保暖程度外，夏天的傍晚，只要在土間（露出土表的室內地板）灑水，汽化熱作用就會帶走熱氣，達到降低室內溫度的效果。

最後，還要注意防止熱損失，做好隔熱措施。做法有使用隔熱材料、複式帷幕牆、室內露台等各式各樣的方法，但都必須選擇符合環境條件的方法來使用。

如同前面所說，要從集熱、蓄熱、隔熱這三點一併思考房間的溫暖度問題，這是非常重要的。如果只是單純依賴高性能隔熱材料、或冷暖空調設備來維持房間溫度，就不能稱為是環保住宅了。

原注：
※想要調配出較環保的混凝土時，可以將一部分的波特蘭水泥（即普通水泥）替換成石灰粉。

◎表1　日照量的比較

月平均的全天日照量

	8月	2月
東　京	14.8	10.5
新　瀉	17.3	7.7

日本新瀉的日照量，在夏天時比東京還多，但在冬天時反而比東京少。
由上表可得知冬天窗邊的日照量差異。

單位：MJ/m²（兆焦耳／平方公尺）
統計年：1971~2000年

◎圖1　具備集熱、蓄熱功能的住宅模型

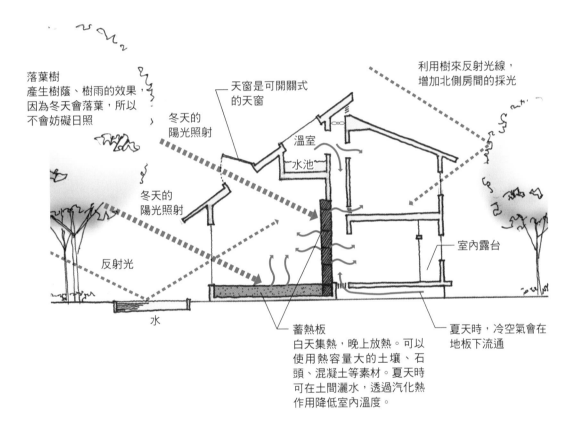

落葉樹
產生樹蔭、樹雨的效果，
因為冬天會落葉，所以
不會妨礙日照

天窗是可開關式
的天窗

利用樹來反射光線，
增加北側房間的採光

冬天的
陽光照射

溫室

水池

冬天的
陽光照射

室內露台

反射光

水

蓄熱板
白天集熱，晚上放熱。可以
使用熱容量大的土壤、石
頭、混凝土等素材。夏天時
可在土間灑水，透過汽化熱
作用降低室內溫度。

夏天時，冷空氣會在
地板下流通

相關連結▶008・010・082項目

106

夏天與冬天的
太陽高度不同

Point

• 屋簷與竹簾可以阻擋夏天的日照

在住宅的南側設置開口部，冬天姑且不論，但夏天不是會很熱嗎？毫無疑問地，答案是不會。這樣做之所以沒問題，是因為太陽在夏天的運行軌跡，與冬天時不同。

冬天的太陽從東南方升起，以偏低的高度、慢慢地往西南方運行，然後日落。所以太陽能夠照射到的角度相當狹窄，日照主要都落在建築物的南側（圖1）。由此可知，冬天要有效取得溫暖，就要靠南側的窗子才行。再者，因為冬天的太陽高度偏低，所以陽光也能照射到房間內部，如果把窗戶的高度再設置高一點的話，陽光甚至還可以照射到房間的最深處。

至於夏天的太陽則是從東北方升起，角度偏高、且快速地移向西北方然後日落（圖1）。因為太陽能照射到的角度很寬，所以建築物東西兩側的日照量不管是在早晨和傍晚都很大，使得整間房間都充滿了熱氣。因此，建築物的東西側牆面有必要做好遮熱。在牆面栽植爬牆虎也是一種有效的遮熱方式。特別是早晨、傍晚的日照偏低，會讓種在庭院裡的樹木影子拉長，甚至可以大面積地遮去落在屋頂的陽光。但如果太陽的高度偏低的話，屋簷所形成的影子效果就會大大地降低（圖2）。

而前面提到的南側窗戶問題，由於夏天時，太陽會從正南方大約是80°左右的高度照射，所以只要在窗戶上方設置屋簷就可以遮陽。然而，從地面反射的陽光、以及早晨、傍晚時角度較低的陽光，就無法靠屋簷來遮擋了，此時可在窗戶上加裝木製百葉窗或蘆葦簾，就可以達到遮陽的效果。雖然房間會因此變得比較暗，但這樣的昏暗程度在夏天並無大礙。而且這時百葉窗或簾子都得加裝在窗戶外側為宜。如果掛在窗戶內側，窗玻璃和百葉窗之間的空隙，在冬天會積留冷空氣，而夏天則會積留熱空氣，進而與室內的空氣產生對流，反而不利於製造舒適的室內溫度（圖2）。

冬天的陽光會照射在建築物的南側，比夏天落在東西側的日照量少，所以建築物設計成東西向較長的形狀會比較有利。不過，這只是純粹以日照量來考慮的想法而已。

◎圖1　太陽的運行圖

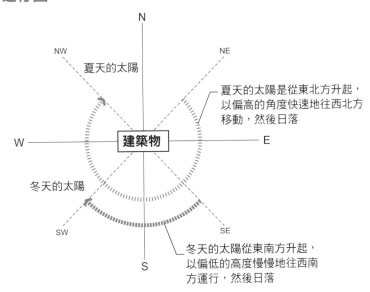

夏天的太陽是從東北方升起，以偏高的角度快速地往西北方移動，然後日落

冬天的太陽從東南方升起，以偏低的高度慢慢地往西南方運行，然後日落

◎圖2　太陽高度與住宅的剖面圖

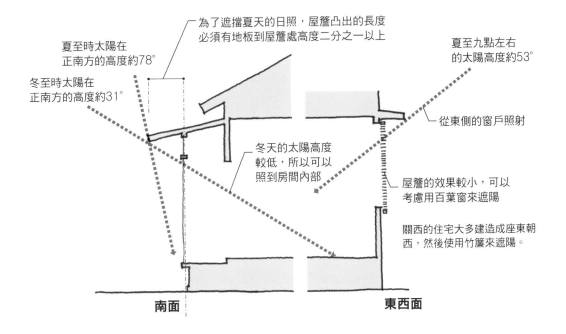

為了遮擋夏天的日照，屋簷凸出的長度必須有地板到屋簷處高度二分之一以上

夏至時太陽在正南方的高度約78°

冬至時太陽在正南方的高度約31°

夏至九點左右的太陽高度約53°

從東側的窗戶照射

冬天的太陽高度較低，所以可以照到房間內部

屋簷的效果較小，可以考慮用百葉窗來遮陽

關西的住宅大多建造成座東朝西，然後使用竹簾來遮陽。

南面

東西面

107

運用光線也是一門學問

Point

• 從窗戶直射的光線，與經由地板或中庭的採光性質不同

在日本，一般住宅使用的能源消耗量如圖1所示，其中，用在一般照明的部分大約占了8％左右，這絕對不是一個小數字。原本應該只有在晚上才會點燈的照明，現在因為住宅狹小化、以及家戶間相互緊鄰的關係，幾乎都是從白天就開始使用照明了。

過去同樣是住宅密集的京都街屋地區，因應的做法是利用高窗或天窗來解決採光的問題。讓高窗照射進來的光線，反射在土間（露出地表的室內地板）上，不但可以照亮整條通道，光線還可以再由通道反射到每個房間內部。這就是運用滯留在通道的光照亮房內每個角落的知識。

還有一個採光的方法，就是在街屋裡設置中庭或小庭院。在被兩個樓層包圍住的小庭院裡，來自天空的光反射在牆壁上，筒狀似地灑落下來。光隨著反射擴散開來，形成了溫和的柔光，看起來很舒服。像這樣在中庭製造出來的光線，與從窗戶照射進來的直接光不同，彷彿是家裡的一方「小天空」般。

這個小天空除了可以製造出光線外，還能形成微風、孕育自然的綠景。這種人工照明做不出來的光，把中庭的綠意與風融合為一體。從這裡便可了解到住戶的生活哲學，正是為了尋求光線的舒適感所產生的一種居住文化。

在思考環保或節能的問題時，從住的哲學來了解人們看待事物的角度和立場是有必要的。京都的連棟街屋使用光的方式，就是其中一例。

◎圖1　日本一般住宅的初級能源的消耗比例

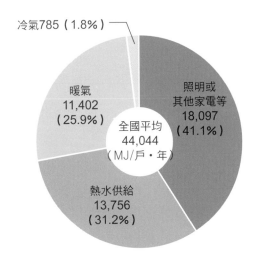

冷氣785（1.8%）

暖氣
11,402
（25.9%）

照明或
其他家電等
18,097
（41.1%）

全國平均
44,044
（MJ/戶・年）

熱水供給
13,756
（31.2%）

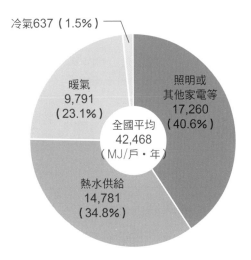

冷氣637（1.5%）

暖氣
9,791
（23.1%）

照明或
其他家電等
17,260
（40.6%）

全國平均
42,468
（MJ/戶・年）

熱水供給
14,781
（34.8%）

統計年：2000年
單位：1 kWh（千瓦・小時）＝3.6 MJ（百萬焦耳）
出處：日本居住計畫研究所

◎照片1　從中庭採光的光線

◎照片2　照射至地板的光線

108

在不同方位所栽植的樹木

Point
· 樹種在不同場所，功能也會有所不同、適合的樹種也有差異

在建築用地內的樹是種在東西南北的哪個位置上，樹的功能也會有所不同（圖1）。

當然，種在建築物南側的樹因為可以遮蔽夏天日照的樹影，所以選擇高度高、且葉幅較寬的樹種效果比較好。若考量冬天的採光問題，在建築物南側種植高大的落葉樹種，可說是最佳選擇。如果在建築用地內就已經有那樣的樹，請務必要將它留下來，因為要長成這樣高大的樹，起碼要數十年以上的光陰才行啊。

另外，你知道什「樹雨」這個詞嗎？就是從樹葉落下的水滴。在深山裡霧一般的樹雨可以讓你渾身溼透。雖然庭院裡通常只有幾棵樹，但就算眼睛看不出來，還是一樣會降下樹雨。根據一般的說法，下雨時大約會有10～15％的雨水會被樹葉吸收，其他則是滲入地底下。

而滲入地底下的雨水，其中又有15～20％會被樹根吸收，然後輸送至樹葉進行蒸散作用。所以降下的雨水，大概有三分之一會變成眼睛看不見的雨飄在空氣中。這就是為什麼樹下會這麼涼爽，連吹過樹下的風也會跟著變涼爽的原因。

種在建築物北側的樹木，可以用來阻擋風（圖2）。在日本關東地方會種植防風林以阻擋從西北方吹來的寒風。夏天時，吹來的北風受到防風林阻擋後會轉而往下吹，從樹根穿入南側的庭院時，屋內也會感受到徐徐的微風。

另外，樹葉還可以反射日照，讓陽光照不到的北側房間明亮起來。因此，種在建築物北側的樹木也就格外重要。考量必須有減速冬風的效果、還要能反射光線，所以種在北側的樹以常綠樹為宜。

至於種在建築物東西兩側的樹，關係著夏天的太陽。夏天時，太陽會從東北方升起，往西北方運行然後落下，建築物的東西兩側日照量會相當大。這裡要種的樹得要能遮陽才行。在早晨與傍晚的太陽角度比較低時，形成長長的樹影把屋頂也覆蓋起來。

由此可見，種在不同方位上的樹，表現出來的功能也有不同。而且，請務必把已有樹留下來，在種樹時善加利用。

◎圖1

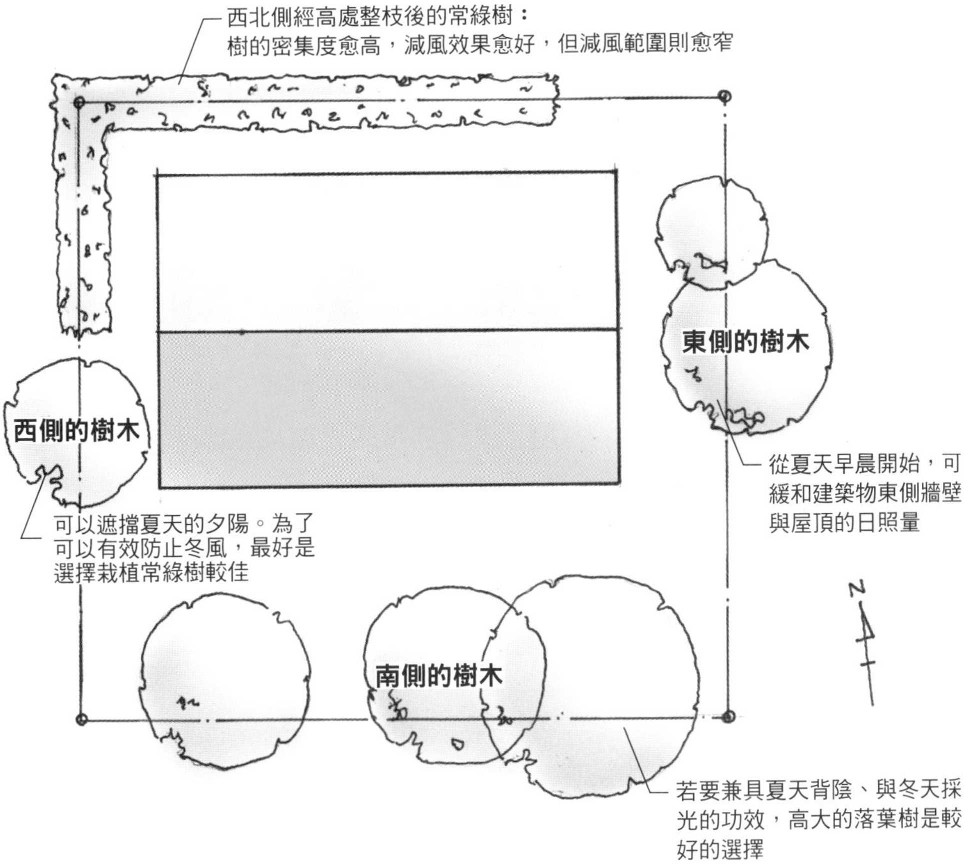

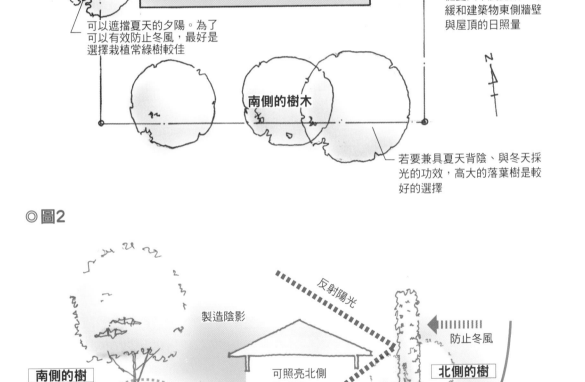

西北側經高處整枝後的常綠樹：
樹的密集度愈高，減風效果愈好，但減風範圍則愈窄

東側的樹木

從夏天早晨開始，可緩和建築物東側牆壁與屋頂的日照量

西側的樹木

可以遮擋夏天的夕陽。為了可以有效防止冬風，最好是選擇栽植常綠樹較佳

南側的樹木

若要兼具夏天背陰、與冬天採光的功效，高大的落葉樹是較好的選擇

◎圖2

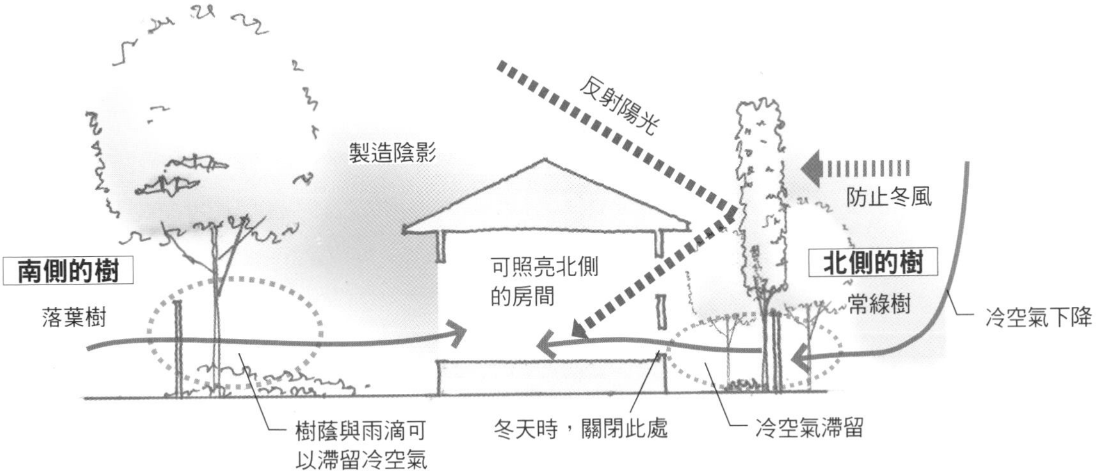

反射陽光

製造陰影

防止冬風

可照亮北側的房間

南側的樹
落葉樹

北側的樹
常綠樹

冷空氣下降

樹蔭與雨滴可以滯留冷空氣

冬天時，關閉此處

冷空氣滯留

相關連結 ▶002・091項目　　243

109

綠的效用

- 種樹是拯救環境的最後王牌

樹帶給我們的禮物實在多到不勝枚舉。不但一年四季都有的美麗的風景與花香,幫我們舒緩緊張與壓力。現在,樹木最受矚目的效用就是可以幫助我們維護環境、恢復生機。綠的效用主要有以下六點:

第一點是,透過樹葉的光合作用來固定二氧化碳,並釋放氧氣,恢復清新的空氣。

第二點是,透過樹葉的蒸散作用來釋放水分,在樹蔭下製造出涼爽的空氣。

第三點是,透過樹葉可過濾空氣中的硫氧化物(SO_x)與灰塵等物質。

第四點是,藉由各種不同種類的搭配組合,可一方面改變空氣流向,一方面達到減低風速的目的,因為樹有控制風的能力。樹木的枝葉還有吸音、反射等功能,可以有效降低噪音。

第五點是,如小葉青岡(黑櫟)、錐栗的樹種,除了具有防火作用外,還能增加土壤保水力,緩和豪雨所造成的災害。

第六點是,樹具有維護生態系的機能,與樹上、地表和地底的各種動植物依存共生。

除此之外,樹還可以淨化地底下的水質、涵養水源、保全腐葉土等,具有多樣的角色功能。

因此,就算在建築用地內只種一棵樹,或者以綠籬代替混凝土牆、只在壁面上覆滿爬牆虎都好。希望都不要以空間狹窄難以綠化為藉口。一座城市的綠化,得集合家家戶戶做綠化形成綠色網絡開始,只靠公共樹木是絕對無法達成的。

◎圖1　綠的效用圖

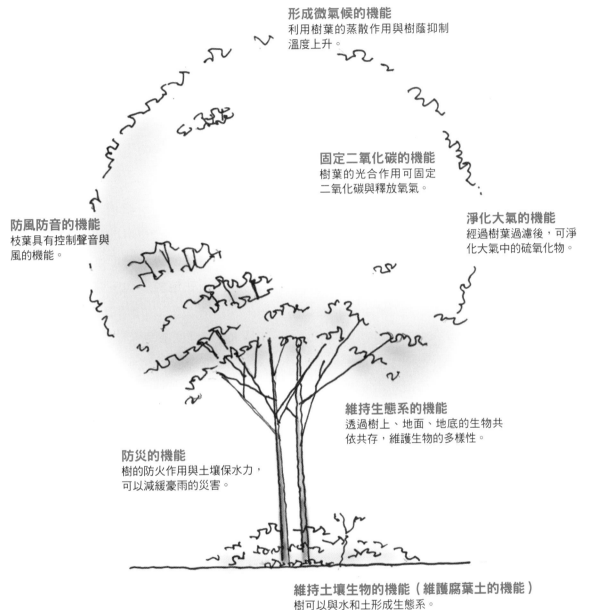

形成微氣候的機能
利用樹葉的蒸散作用與樹蔭抑制
溫度上升。

固定二氧化碳的機能
樹葉的光合作用可固定
二氧化碳與釋放氧氣。

淨化大氣的機能
經過樹葉過濾後，可淨
化大氣中的硫氧化物。

防風防音的機能
枝葉具有控制聲音與
風的機能。

維持生態系的機能
透過樹上、地面、地底的生物共
依共存，維護生物的多樣性。

防災的機能
樹的防火作用與土壤保水力，
可以減緩豪雨的災害。

維持土壤生物的機能（維護腐葉土的機能）
樹可以與水和土形成生態系。

淨化水的機能

涵養水源的機能

相關連結▶088項目

編製水的口述歷史

- 如何將少量的水重覆利用，是生活中相當重要的知識
- 恢復自然界原有的水姿態

淡水是地球上相當珍貴的天然資源。淡水透過地上水、地下水、雨水等的循環，看起來似乎源源不絕，但卻是相當有限的。目前這個循環因為受到住宅用水習慣與庭院景觀設計的影響，已經逐漸消失了。由於水龍頭的水是直接連接到下水道，加上地面上普遍鋪設著建材，所以降下的雨會很快地流進下水道。二十年前居家可見多樣化用水的樣貌，如今早已不復見。

以往在下雨過後，路上通常都會出現水路，到處都有水窪積留、充滿婉轉悅耳的鳥叫聲，即使放晴了，屋頂上也會暫時保持溼潤的狀態，直到水氣慢慢地蒸發返回到大氣中。

夏天時，把西瓜浸泡在井水冰鎮，使用過的井水再拿來澆灑庭院的花木、或是用來泡澡。泡澡後的水還可以洗衣服和抹布，最後再將剩餘的水灑在玄關前降低氣溫，同樣一份水變化出許多種用法，潤澤人們的生活。像這樣雖然大量用水，卻只使用了極少的水，也是一種生活智慧。

因為水會不斷地循環，經過土壤、樹木、河川，慢慢地循環到世界上每個角落，滋潤了大自然，水本身也得到淨化的效果。在生活中也一樣，雨水、井水、水道等各種水，不管使用了多少次，也都會慢慢地回歸到大自然。

玄關前鋪設石階步道，除了與土壤區隔外，還可以防止土壤被踩踏過度而變得堅硬，表面凹凸、有空隙的柔軟土壤，水才容易滲入地底，而積留在凹處的水，則會慢慢地被土地吸收。讓滲透過程有時間差，就不需要建造下水道這種複雜的構造了。

圖1是五十年前某棟住宅所記載關於水的口述歷史（透過與相關人員直接對話所記錄下來的內容）。這張圖使用現在建築用地上的景色，加上住戶的記憶、或是從以前流傳下來的聽聞所勾繪出的。是不是的確與現代的生活有差異呢？我們應該學習前人的智慧，加上科技的力量，讓這些大自然中原有的水姿態再次重生，是我們責無旁貸的義務。

◎圖1　經探聽後所得知的水的野外記載簿水溝

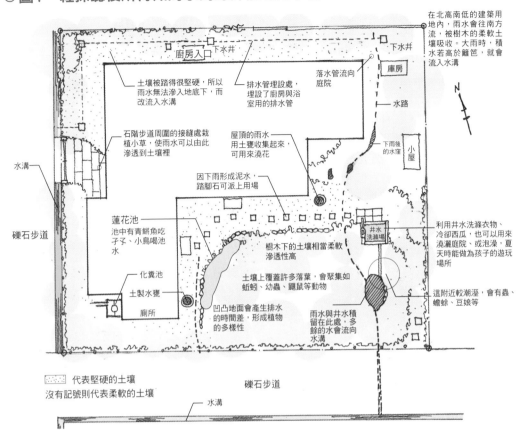

在北高南低的建築用地內，雨水會往南方流，被樹木的柔軟土壤吸收。大雨時，積水若高於籬笆，就會流入水溝

廚房入

下水井

土壤被踏得很堅硬，所以雨水無法滲入地底下，而改流入水溝

排水管埋設處，埋設了廚房與浴室用的排水管

落水管流向庭院

下水井

庫房

水路

下雨後的水窪

小屋

石階步道周圍的接縫處栽植小草，使雨水可以由此滲透到土壤裡

屋頂的雨水用土甕收集起來，可用來澆花

水溝

因下雨形成泥水，踏腳石可派上用場

利用井水洗滌衣物、冷卻西瓜，也可以用來澆灑庭院、或泡澡，夏天時能做為孩子的遊玩場所

井水洗滌場

礫石步道

蓮花池
池中有青鱂魚吃子子、小鳥喝池水

樹木下的土壤相當柔軟滲透性高

土壤上覆蓋許多落葉，會聚集如蚯蚓、幼蟲、鼴鼠等動物

這附近較潮溼，會有蟲、蟾蜍、豆娘等

化糞池

土製水甕

廁所

凹凸地面會產生排水的時間差，形成植物的多樣性

雨水與井水積留在此處，多餘的水會流向水溝

代表堅硬的土壤

沒有記號則代表柔軟的土壤

礫石步道

水溝

◎圖2　雨水的循環

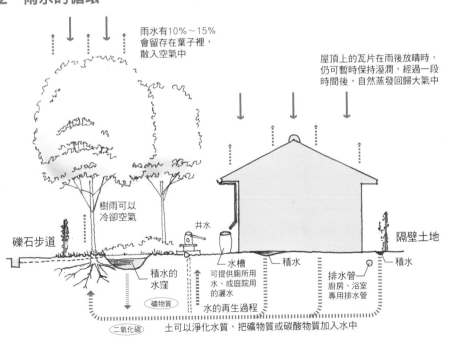

雨水有10%～15%會留存在葉子裡，散入空氣中

屋頂上的瓦片在雨後放晴時，仍可暫時保持溼潤，經過一段時間後，自然蒸發回歸大氣中

樹雨可以冷卻空氣

礫石步道

井水

水槽
可提供廁所用水、或庭院用的灑水

積水

積水

隔壁土地

排水管
廚房、浴室專用排水管

積水的水窪

礦物質

水的再生過程

二氧化碳　土可以淨化水質，把礦物質或碳酸物質加入水中

相關連結▶063項目

8
知識

環保知識

作者簡介

岩井達彌（照明）
日本大學理工學部建築學科畢業。
目前為岩井達彌光景設計負責人，並任職於
日本大學生產工學部、武藏野美術大學、女
子美術大學、日本短期大學部兼任講師。國
際燈光設計師協會（IALD）專業會員。
著有《培養眼力，鍛鍊雙手：宮脇檀住宅設
計塾》（合著）、《空間設計的照明方法》。

大塚篤（內裝）
日本工學院大學研究所建築學專科結業、工
學博士，有一級建築師執照。
目前任職於日本工學院大學建築系學科實習
指導教師。
著有《初學者實務學習木造住宅剖面詳圖與
設計方法》（合著）。

柿沼整三（編集、工法、評估）
日本工學院大學工學專科建築學結業。
為設備設計一級建築師、技術士（建築環
境）、建築設備工程師。目前為ZO設計室董
事代表、日本東京理科大學、武藏野大學兼
任講師。
著有《建築設備入門》、《建築環境設備手
冊》、《建築設備設計的方法與步驟》、《輕
鬆理解建築設備》等。

蕪木孝典（材料、環境行動）
日本築波大學研究所藝術研究科結業。
目前任職於日本SturdyStyle一級建築師事務
所、中央住宅，為二級建築師。

是永美樹（外觀）
日本東京工業大學研究所建築學科結業。
目前為KMKa一級建築師事務所共同負責人，
為一級建築師、工學博士。著有《拼合記憶
澳門歷史建築的發展與保護》（合著）、《初
學者實務學習木造住宅剖面詳圖與設計方法》
（合著）。

最勝寺靖彥（環保知識）
日本工學院大學研究所建築學專科結業。
目前為TERA歷史景觀研究室負責人。
著有《和風設計的詳細圖鑑》、《建築
設計解剖圖鑑》（合著）、《懷舊・不
丹（Nostalgia・Bhutan）》（ 合 著，
X-Knowledge出版社）。

佐藤王仁（隔熱、水的圖解）
日本工學院大學研究所建築學專科結業。
目前任職於海谷建築設計事務所、為一級建
築師。著有《木造住宅的詳細圖解完整版》
（合著）。

清水真紀（隔熱、水、機器、能源、評估）
日本工學院大學研究所建築學專科結業。
目前任職於ZO設計室。著有《建築設備用語
集》、《木造住宅的詳細圖解完整版》（合
著）。

柴崎恭秀（材料、環境行動）
日本築波大學研究所藝術研究科結業。
目前任職於日本會津大學短期大學部準教
授、工學院大學兼任講師、以及柴崎建築師
（ARCHITECTS）負責人，為一級建築師。
著有《木造住宅的詳細圖解完整版》（合著）、
《重現街景的99種創意》、《建築師的名言》
（合著）。

十文字豐（內裝）
日本工學院大學建築學科畢業。
現為ALCOVE U公司董事代表、日本女子美
術短期大學講師，為一級建築師、JIA日本建
築家協會會員，取得JIA認可的建築師資格。
著有《住宅與計劃、文化變遷簡史》、《創
造理想的二代住宅計劃》、《居住環境致密
化的方法》、《城鎮培育出的建築家們》等
著作。

照內創（配置）
日本工學院大學研究所建築學專科結業，為
一級建築師。

目前為SO&CO公司負責人。著有《輕鬆學建築製圖》（合著，X-Knowledge出版社2011年出版）、《建築師的名言》（合著）。

長沖充（剖面）
日本東京藝術大學研究所建築科結業。
目前為長沖充建築設計室負責人、都立品川職業訓練校兼任講師，為一級建築師。著有《上下的美學，樓梯設計的9個法則》（合著）、《輕鬆學建築製圖》（合著，X-Knowledge出版社2011年出版）。

西尾洋介（環保知識的圖解）
日本工學院大學專門學校建築科研究所結業，現為自由業。

細谷功（開口）
日本東洋大學建築學科畢業。
目前為STUDIO4設計負責人、日本工學院大學與日本東洋大學專任講師，為一級建築師、APEC建築師（ARCHITECTS）。著有《木造住宅的詳細圖解完整版》（合著）。

松下希和（平面）
美國哈佛大學研究所設計學院建築學系結業。
目前為KMKa一級建築師事務所共同負責人、日本東京電機大學建築學科準教授，為一級建築師。著有《哈佛設計學院購物指南》(合著)、《輕鬆學建築製圖》（合著，X-Knowledge出版社2011年出版）、《世界上最美名宅的解剖圖鑑》(合著)。

山口讓二（微氣候）
日本大學產業經營學科肄業、ICS設計科結業。
目前任職於背景計劃研究所，取得景觀建築師的資格（RLA）。

Column

猪野忍
日本法政大學研究所碩士課程結業。
目前任職於猪野建築設計，為一級建築師。

著有《木造住宅的詳細圖解完整版》（合著）、《懷舊·不丹（Nostalgia·Bhutan）》（合著）。

井上洋司
日本工學院大學研究所建築學專科結業。
現為背景計劃研究所代表、日本早稻田大學藝術學校講師，為一級建築師，取得景觀建築師的資格（RLA）。著有《木造住宅的詳細圖解完整版》（合著）、《懷舊·不丹（Nostalgia·Bhutan）》（合著）。

海谷寬
日本東京藝術大學研究所建築科結業。
任職於海谷設計事務所，為一級建築師。著有《木造住宅的詳細圖解完整版》（合著）。

栗原宏光
日本千葉大學工學部影像工學系畢業。
現為日本建築攝影協會會員。著有《愛琴海·基克拉澤斯群島的光與影》、《懷舊·不丹（Nostalgia·Bhutan）》（合著）等。

笹原克
日本工學院大學研究所建築學專科結業。
現為OICOS計劃研究所董事代表，為一級建築師。著有《懷舊·不丹（Nostalgia·Bhutan）》（合著）。

中山繁信
日本法政大學研究所建築工學科碩士課程結業。
現為TESS計劃研究所負責人、日本工學院大學建築學科教授（～2010年止）、日本大學生產工學部建築學科兼任講師。
著有《日本的傳統都市空間》、《住家的禮節》、《住宅測量法》、《手繪建築空間設計和素描》、《上下的美學，樓梯設計的9個法則》（合著）等。

中文	日文	英文	頁碼
二劃			
二次構造	二次粒子	secondary particle	193
入滲溝	浸透トレンチ	infiltration trench	151
三劃			
上掀式	跳ね上げ式	flip up	84
土製水甕	水がめ	olla	247
大衛・阿斯頓	デイヴィッド・イーストン	David Easton	229
四劃			
中密度纖維板	中密度繊維板	medium density fiberboard	82
井水源熱泵系統	井水熱源ヒートポンプ	heat pump	148
井泵	井戸ポンプ	well pump	149
內部隔熱	内断熱	interior thermal insulation	102
內裝材料	内装材	interior material	66、128
分離式	ロータンク	low tank	146
化學式回收	ケミカルリサイクル	chemical recycle	119
反射水盤	レフレクタルプール	reflector	209、214
太陽能收集器	ソーラーコレクター	solar collector	155、176
太陽能吸收率	日射吸収率	solar absorptivity	197
太陽能板	セル	(sclar) cell	178
太陽能發電板	太陽光発電パネル	solar power generation panel	59、64
建築環境效能總合評估策統	CASBEE	Comprehensive Assessment System for Built Environment Efficiency	128、129、133、136
木材的平均運輸距離	ウッドマイルズ	wood miles	124
木材總運輸距離里程	ウッドマイレージ	wood mileage	123
水分梯度	水勾配	water gradient	55
水平屋頂	ろくやね／陸屋頂	flat roof	42、61
水琴窟	水琴窟	garden feature	205
天蓋木	天蓋	canopy	194、206
五劃			
四坡屋頂	寄棟屋根	hipped roof	43、230
四通閥	4方弁	four-way valve	161
外氣負荷	外気負荷	fresh air load	164
外廊	片廊下	side corridor	26
外殼構造	外郭構造	shell	78
外裝包覆材料	外装材	cladding	66、102
夯土工法	ラムドアース	rammed earth	228
平屋頂	りくやね／陸屋頂	flat roof	42、60
生命週期負碳	ライフサイクルスカーボンマイナス	Life-cycle Carbon Negative（LCCM）	138
生物質	バイオマス	biomass	184
生態控制線	環境コントロールライン	control line	18
生質能源	バイオマスエネルギー	biomass energy／bioenergy	130、184
白熾燈泡	白熱電球	light bulb	166、170、171
六劃			
光合作用	光合成	photosynthesis	185、192、244
光導管系統	光ダクトシステム	optical duct system	168
光導纖維	光ファイバー	optical fiber	168
光環境	光環境	light environment	26
光譜	分光	spectrum	171
全自動加熱型	フルオート	full automatic transmission	153
全熱交換器	ロスナイ	total heat exchanger	152、164

國家圖書館出版品預行編目(CIP)資料

環保住宅/ ソフトユニオン作；洪淳瀅譯. -- 修訂一版. -- 臺北市：易博士文化，城邦文化事業股份有限公司出版：英屬蓋曼群島商家庭傳媒股份有限公司城邦分公司發行，2021.01
面；　公分
譯自：世界で一番やさしいエコ住宅　改訂版
ISBN 978-986-480-135-0(平裝)

1.房屋建築 2.綠建築 3.空間設計

441.52　　　　　　　　　　　　　　　　　　　　　　109021422

K. of Living ⑬

環保住宅 110個建築面向與實用技巧，老房新宅都能成為有氧綠住宅

原 著 書 名／世界で一番やさしいエコ住宅　改訂版
原 出 版 社／株式会社エクスナレッジ
作　　　者／ソフトユニオン（SOFT UNION）
譯　　　者／洪淳瀅
選 書 人／蕭麗媛
執 行 編 輯／潘玫均、林荃瑋

業 務 經 理／羅越華
總 編 輯／蕭麗媛
視 覺 總 監／陳栩椿
發 行 人／何飛鵬
出　　　版／易博士文化
　　　　　　城邦文化事業股份有限公司
　　　　　　台北市中山區民生東路二141號8樓
　　　　　　電話：（02）2500-7008　傳真：（02）2502-7676
　　　　　　E-mail：ct_easybooks@hmg.com.tw
發　　　行／英屬蓋曼群島商家庭傳媒股份有限公司城邦分公司
　　　　　　台北市中山區民生東路二段141號11樓
　　　　　　書虫客服服務專線：（02）2500-7718、2500-7719
　　　　　　服務時間：周一至周五上午09:30-12:00；下午13:30-17:00
　　　　　　24小時傳真服務：（02）2500-1990、2500-1991
　　　　　　讀者服務信箱：service@readingclub.com.tw
　　　　　　劃撥帳號：19863813
　　　　　　戶名：書虫股份有限公司
香港發行所／城邦（香港）出版集團有限公司
　　　　　　香港灣仔駱克道193號東超商業中心1樓
　　　　　　電話：（852）2508-6231　傳真：（852）2578-9337
　　　　　　E-mail：hkcite@biznetvigator.com
馬新發行所／城邦（馬新）出版集團 [Cite (M) Sdn. Bhd.]
　　　　　　41, Jalan Radin Anum, Bandar Baru Sri Petaling, 57000 Kuala Lumpur, Malaysia
　　　　　　電話：（603）9057-8822　傳真：（603）9057-6622
　　　　　　E-mail：cite@cite.com.my

美 術 編 輯／廖婉甄
封 面 構 成／陳姿秀
製 版 印 刷／卡樂彩色製版印刷有限公司

SEKAI DE ICHIBAN YASASHII ECO JYUTAKU KAITEIBAN
© SOFT UNION 2014
Originally published in Japan in 2014 by X－Knowledge Co., Ltd.
Chinese（in complex character only）translation rights arranged with X－Knowledge Co., Ltd. TOKYO,
through TOHAN CORPORATION, TOKYO.

■2014年9月30日 初版（原書名《圖解環保住宅》）
■2021年1月21日 修訂一版（更定書名為《環保住宅》）
ISBN 978-986-480-135-0

定價700元　HK$233

城邦讀書花園
www.cite.com.tw